COFFEE
BEER

一個人做飯好好吃

高木直子◎圖文　洪俞君◎譯

前言

你們喜歡的食物是什麼呢？
我喜歡的是……
鮪魚生魚片～
紅色生魚片LOVE♥
嘿嘿
嘿嘿
TUNA
對它的愛，從來就沒變心過……
但是除了這以外，我還有很多很多喜歡吃的東西。
餃子、
烏龍麵、
炸雞塊、
醬菜、
白飯、
番茄義大利麵、
涼拌魚肉、鹹鮭魚子♥
海膽、烤牛肉、
豬肉泡菜炒飯、
西瓜、納豆、泰式酸辣蝦湯♥
山藥、
鰻魚……♥
我真的很愛吃。
不過，隨每天的心情變化，想吃的東西也隨之而異。
有一天，呆呆地走在路上……
噫?!
怎麼搞的……
突然好想吃栗子蛋糕喔～!!
驚
有時會突然湧現一股想吃栗子蛋糕的衝動……
嗯……最好是那種裡面有很多鮮奶油的……
嘎～
哪裡有賣呢～
四下
張望

有時正在家裡悠哉地休息……
發呆～
有時又會忽然超想吃菠菜……
噫?!突然好想……
好想吃菠菜喔!!
敬馬
或許只是一時興起，不過我想這也可能是身體的自然需求……
現在超市應該還沒關門!!
菠菜!!菠菜!!
衝～
我基本上很重視自己這種吃東西的慾望。
耶～燙了一大碗公的菠菜～!!
大力水手大力水手
吃
吃
吃
吃
雖然經常找藉口放任自己隨著慾望走……
昨天吃了生魚片，可是今天還是想吃。
嘿嘿嘿～
那就買吧～
另外我也想吃布丁♫
可是吃東西有點隨興隨意或許正是我活力的泉源。
本書就是敘述我這種隨興隨意的飲食生活點滴。
請看～

菜單

春天吃得隨興吃得隨意

夏天吃得隨興吃得隨意

特別篇

秋天吃得隨興吃得隨意

冬天吃得隨興吃得隨意

春天
吃得隨興
吃得隨意
糰子屋
熱呼呼便當

之1
上東京以後 & 在老家

一九九八年春天，
我懷著想成為插畫家的
夢想一個人上東京……。
又到春天了～
經過幾番季節更迭，
我也徹底習慣一個人
住東京的生活。
想想，起初我也一直
不能習慣在東京的
飲食生活……
嗚嗚……
一個人
吃飯
好寂寞
喔～
靜悄悄～
唉呀～
只有一個人
卻做了
一大鍋～
很多～
味噌
沒有賣
紅味噌
打擊
超市
那時我
很窮……
咕～
嗚嗚……
買不起肉……
而且想家
爸……
媽……
啊啊
故鄉～
怎麼會
那麼寂寞
呢？
不過現在也已經
忘了那些事。
哇哈哈
呆～
吃
吃
一直用到現在的矮桌

最近的enjoy東京飲食生活
嘿嘿嘿……
今天試著做了三明治～!!
嘿嘿嘿……今天一個人吃湯豆腐～♪
咕嘟
咕嘟
一個人在家吃飯也很愉快～♥
BAKERY
OPEN
這家麵包店的橄欖麵包很好吃～
再買回家吧～♥
肉鋪
可樂餅
培根
火腿
這家店的培根也很好吃～♥
買回去吃吧～
找找喜歡的店♥
老家的味噌湯大多是用紅味噌……
咻～
可是白味噌口感柔和也很好喝～♥
米味噌
味噌專門
再嚐嚐其他種類的味噌吧!!
仙台味噌是什麼樣的味道?
歡迎光臨～
嚐嚐各種味噌♥
以前我不怎麼喜歡吃蜂斗菜……
時隔多年再嚐嚐看，覺得還滿好吃的……
買回來的便當裡有蜂斗菜
最近超想吃蓮藕和地瓜～
以前根本不會買……
也開始懂得牛蒡的美味……
味覺漸漸偏向大人……

我很享受現在這樣的飲食生活……
啊，那裡新開了一家甜甜圈店!!
哇，那家越南餐廳好像不錯耶!!
DONUT
越南麵
還排隊耶!!
下次也吃吃看!!
東京的店真的很多……
不過我偶爾還是會想起那懷念的味道。
好久沒吃那個了~
好想吃喔……
那就是……
一個人住東京……
最近沒機會吃到的東西
炒筆頭菜
在老家那裡一到春天經常摘來吃。
剛搗好的麻糬
裹上蘿蔔泥
或
黃豆粉
以前在搗麻糬大會上常吃。
味噌關東煮
在東京的店裡點關東煮只會附芥末醬
&
自己一個人很少做關東煮
在家鄉那裡是沾紅味噌、味醂和糖熬成的醬
媽媽做的許多菜
飯糰
煮得甜甜的豆子
滷南瓜
可樂餅
有點糊的漢堡排
魷魚乾
在老家爸爸常吃，所以我也跟著分享……
給我一點點~
自己不會買
下酒菜

所以決定來做做看
好久沒做了的老家
那種關東煮!!
老家的關東煮裡面
放很多牛筋，可是……
牛肉
在東京的
超市很少
看到……
沒有……
跑了好幾個地方總算
買到牛筋!!
終於買
到了~♥
呼
在肉店買到的
裡面還要放的是關東煮中少不了
的蘿蔔和白煮蛋、蒟蒻、馬鈴薯……
對了!
來學東京人
放竹輪麩
看看!!
竹輪
麩
用麵粉和成的，
口感類似糰子。
在家鄉
那裡很
少見
竹輪麩
把這些材料和湯過的牛筋
一起放進鍋裡煮……
嘿嘿嘿，再來
是這個~♥
紅味噌
咕嘟
咕嘟
拌
拌
同時用紅味噌加糖、味醂
熬甜味噌醬……
關東煮煮好了就沾這
味噌醬吃。
可依個人口味
沾芥末醬~
嗯!!
竹輪麩和味噌醬
很對味嘛!!
結合家鄉和
東京的口味♥
竹輪麩
牛筋
這道老家風味的關東煮
我做得挺不錯……
可是有點
做太多了~
吃竹輪麩
肚子很快就
飽了……
我到現在還是不太會
只做一人份的東西。
很多了!!

餐點寫真
嗯～……
買哪一種竹輪麩好呢～
ちくわぶ
ちくわぶ
很難買到
牛筋
紅味噌
赤出し
加味醂和糖……
甜甜的味噌醬
加了竹輪&竹輪麩
這回買了用竹籤串起來的牛筋
很多牛筋♡
每次都做太多……

從小吃關東煮就沾很多味噌醬的我……

嘿嘿～

嘴邊也沾滿了味噌醬。

可是東京住久了，也就慢慢習慣這味道……

居酒屋

不沾味噌醬的確也很好吃……

看到東京的關東煮沒附味噌醬，真是嚇了一大跳。

在居酒屋

什麼?! 只有芥末醬?!

沒有味噌醬喔?!

噫……這麼說吃關東煮也可以不需要味噌醬囉……

為什麼以前我那麼堅持要有味噌醬……?

漸漸地連自己也搞不清楚……

少了味噌醬就不對味了～

味道太淡了～

沾味噌醬吃，這是邪道嘛～

關東煮本身已經有味道了啊～

經常會因此引發爭議。

然而有時自己做關東煮沾味噌醬吃……

果然吃關東煮還是要沾味噌醬才對味。

又再度證實這件事。

在家鄉那裡的便利商店買關東煮，他們也會附味噌醬。

味噌醬

之2
甜蜜的誘惑、果醬加優格♡

以前吃優格的時候
也會加果醬……
唉~
不過放好吃的果醬
果然不一樣……
於是我又到附近有賣
好吃果醬的店去買果醬。
謝謝光臨~
這裡是蛋糕店，
可是也有做果醬。
cake
滿心
歡喜
野山莓
果醬~
又是把果醬加進
優格裡吃。
嗯，
這家的果醬
也很不錯!!
好吃的果醬
果然不一樣。
又是同樣
的話
原味
優格
從此以後，
我買了好一點的
果醬就拿來配
優格吃……
嘿嘿嘿~
今天買了
一瓶
水蜜桃和
一瓶黑棗
果醬~
優格
果醬
很快就吃完了，
買果醬的錢
也因此越花越多。
唉呀~
已經沒有了~
高級的果醬
雖然好吃，
可是價格也
不便宜~
1000
1000
喀啦
喀啦
買2瓶就要
1600日圓
空
果醬1瓶
800日圓
原味優格

這時，救星出現了!!
我做了梅子果醬，妳要不要？
每年梅子的季節我都會做
!!

我先生做了西洋梨和奇異果的果醬，妳要不要嚐嚐看？
他最近迷上做果醬～
當然要!!
好特別的組合～

周圍有幾位很會做果醬的朋友，所以我一說需要果醬，他們就給了我幾瓶。
耶～朋友自己做的果醬也很好吃～!!
沒想到梅子果醬和優格也很合～!!
哇喔
哇喔
原味優格

果醬加優格在十萬火急的早上……
唉呀～沒時間吃早餐
不過至少吃個優格加果醬～!!
慌亂慌亂
放
吃
優格

10秒鐘準備OK!!

或超想吃甜食的半夜都很方便。
嗚～很想吃巧克力或是蛋糕～
可是吃點果醬加優格也就心滿意足了～!!

我想應該是比零食之類的健康……

現在的夢想
自己做出適合優格的美味果醬!!

沒有果醬的時候，有時也會把香蕉、蘋果等水果和蜂蜜一起加進優格裡吃……
水果蜂蜜優格也好吃~~!!
HONEY
不過漸漸地也想來自己做做看果醬。

我最近每天都吃優格，可是自己也不清楚身體狀況是否有改善……。

嗯~……便便好像有順一點……?
體重倒是沒怎麼變……
身體還稱得上健康……

不過聽說優格也有助於減輕花粉症，我期待今後在這方面能收效並繼續吃出優格的美味。

今天吃哪一種好呢……
果醬種類琳瑯滿目
餐點寫真
蛋糕店的有點
高級的橘子果醬
蜂蜜
手作
西洋梨和奇異果的果醬
(人家送的)
選購各種優格
也是一種樂趣
裡面有香蕉、葡萄乾
和蘋果
優格加水果&蜂蜜也好吃喔!!
蘋果和蜂蜜
PEANUTS
ビヒダス
BB536
生乳100%
小岩井
プレーン・砂糖不使用
DENSIA
Le Monde des Abeilles

果醬加優格篇

之後我依然持續吃優格……
哈啾
哈啾
可是一到花粉的季節，花粉症一樣上身。
可……可是因為有吃優格……
吸吸吸……
症狀好像有稍微減輕……
另外我說要試試看自己做果醬……
嚇
結果也沒有付諸行動。

有時出門看到不錯的果醬，就會忍不住買回家……

噫？大黃果醬？！

大黃

富含植物纖維

大黃是什麼東西啊？！

農家手作果醬

人家送我很多文旦，所以就拿來做果醬，妳要不要嚐嚐看？

文旦果醬？！

有時也有人送我他們自己做的果醬……

所以我想果醬就交給各位果醬達人……

嗯～好吃的果醬果然不一樣～

還在說同樣的話

之3
春光明媚賞花餐

我非常怕冷……
幾近冬眠
嗚嗚……好希望春天趕快來喔~
呼~
轟轟~
抖
抖
抖

每年一到春天就高興得不得了。
東京的櫻花已經開始綻放了
春天來了~!!
耶~
咻~

春天當然少不了賞花!!
去哪裡好呢~?!
賞櫻景點
千鳥之淵
芝公園
隅田
哇—
哇—

鋪上野餐墊，隨處立刻變成特等座!!
嘿嘿～♥
嚼
嚼
買來了

人很多也不覺得擁擠，加上到處都有櫻花……
稻荷壽司
糰子
嘈雜
嘈雜
喔

東京都內我喜歡的另一處賞櫻景點是昭和紀念公園!!
這裡也需要買門票
大人
410日圓
小、中學生
80日圓
ENTRANCE
入口
熱鬧
熱鬧
熱鬧

在戶外一些平淡無奇的東西吃起來也變得更美味。
糰子好好吃～♥
嚼
嚼

這裡更寬廣，2人以上一起來的時候可以帶羽毛球、飛盤等來玩，會更有趣。
也可以帶狗進來♥
啪
啪
啪
哇
哇
哇

幾天前我還冷得縮著身子……
呼~
嗚嗚~真不想離開被窩~
凍僵
凍僵
不想出門~

哎喲~~
凍僵
凍僵
凍僵
呼~

沒想到像這樣在外面運動流汗的季節已經來臨了!!
嘿!!!
我來!!
羽毛球認真打起來其實運動量是很大的……

而且這個公園也有賣酒類的飲料……
噗
也買了炒麵♡
BEER

流一身汗後來罐啤酒!!
哇~好好喝!!
為春天乾杯!!
炒麵也好好吃!!
在戶外喝啤酒為什麼特別美味呢~~♡
BEER

我喜歡的賞花景點有很多……
耶～～
春天來了～～♥
不過只要春暖花開，我到哪裡都很高興……
路過
哇，好可愛的公園!!
喵～
春天我希望能盡情享受賞花餐。
小小地賞花～♥
嘿嘿嘿，買了鯛魚燒～～♥

春天來了!! 櫻花開了!!
賞花去囉～!!
餐點寫真
新宿御苑
千鳥之淵
當然少不了櫻餅♡
粉色的霜淇淋♡
花瓣不斷飄落下來～
在戶外吃更美味
雖然不含酒精也讓人微醺～
賞花酒
耶～
耶～
ALL-FREE
Heineken
赤

每年櫻花一開，我的心情也跟著愉悅起來。

啊～♥

看到外國遊客喜悅的樣子，也讓我感染了他們的好心情。

你們來得真是時候!!

oh～

Beautiful!

今天開得最漂亮!!

好高興今年又能來賞花!!

我覺得自己真的很單純……

看到櫻花凋零我也難免隨著感心傷……

唉～

不過櫻花樹下的人們也都看起來好幸福。

哇—

哇—

哇哈哈

熱鬧

熱鬧

呵呵呵

不過又有很多種花接著綻放……

櫻花以外的花也很迷人!!

我又因此高興不已。

哇—

哇—

LOVE 春

之4

我的預防飲酒過量小撇步

嘿~起來吧!我們要走了~
蛤?!
起來了嗎?
在喝酒聚會上中途睡著這種事不知發生過多少次……
第二天醒來後悔不已。
嗚嗚……有第一次見面的人在場我竟然睡著了~
啊~好丟臉喔~
完全想不起來自己說了什麼~
好丟臉喔~
頭疼
頭疼
頭疼
宿醉
也想不起來吃了什麼東西~
胃藥
水
朋友
昨天妳還好吧?
也給別人帶來困擾……
頭疼
頭疼
讓您擔心了,真是不好意思……
道歉的mail
像這樣不知道發誓了幾次。
我一定不要再喝太多酒~~!!
絕對!!
絕對!!

最近我在參加比較緊張的喝酒聚會之前，
會留意幾件事……
聚會前先吃點東西。
空腹喝酒很快就醉了!!
嚼
嚼
肉包
吃薑黃
薑黃
促進肝臟功能
也不知道有沒有效，反正就是吃安心的!!
此外，聚會開始以後，一定牢記……
請問您喝什麼飲料？
嗯～請給我啤酒～
DRINK

點酒的時候也不忘要一杯水!!
另外請給我一杯水!!
好的
不由得咕嚕咕嚕喝酒時就把水當做淡味飲料喝。
嘈雜
嘈雜
咕嚕
咕嚕
水
哇哈哈
哈哈
喝了酒就喝等量的或更多的水!!

中途離席去上洗手間時，照鏡子自我檢查……
嘿，還沒喝醉吧?!
嚴格確認

吃東西時提醒自己慢慢品嚐滋味……
慢慢吃……
慢慢吃……
哇哈哈哈
嚼
嚼

餐會結束……
再見囉～
嘈雜
晚安～
嘈雜
能夠享受喝酒的樂趣直到散會，真是一件高興的事。
步伐也很穩!!
嗯，今天喝完酒頭腦還很清楚也沒出糗，表現得很好!!
本來不就是應該這樣嗎？
哧赤
春天有迎新會等，是個容易飲酒過量的時節。
唉呀……那個人要不要緊啊～
喝酒，但不要被酒喝了喔～!!
嗝～
晃晃
搖搖
這種事也很可能發生在自己身上……
…
哇哈哈
酒
嘈雜
嘈雜

餐點寫真
或許只是吃安心的，不過容易喝過多時還是會先吃薑黃……
笑顔で明日もガンバロウ!
モリンガ・ウコン
酒喜酒楽
春秋プラス
紫ウコン粒
natural healthy foods
自我守則〃
點酒的時候也不忘要一杯水!!
水!!
點日本清酒時也是。
點啤酒時也是……
KIRIN'S ORIGINAL BEER
KIRIN BEER
一番搾り
生ビール
水!!
點葡萄酒時也是……
水!!
慢慢地喝，慢慢地享受喔~!!
SAPPORO WHITE BRANDY
冰彩
這種時候
水也很重要♫~
煙燻青花魚耶~喝起酒來更順口了~嘿嘿嘿~♡

預防飲酒過量篇

我吃飯的時候喜歡配飲料。
茶
平常吃飯的時候也會咕嚕咕嚕地喝很多茶……
咕嚕咕嚕
吃吃
總是第一個去倒第二杯茶的人。
去倒茶囉~
直子，妳真是個茶桶~~
已經喝完了喔?

經常被家人這麼說

所以聚餐的時候也不由得一直喝酒……
咕嚕咕嚕
嚼嚼
BEER
好像吃口東西就得喝一、兩口酒……
咕嚕~
不知不覺就喝醉了……
搞不好根本沒好好咬就配飲料吞下去了……
我是不是應該先改掉這毛病才對呢……

之5

和爸媽一起去摘筆頭菜

※遼東楤木多生長在日本、韓國、中國大陸東北方，其新芽常用於春季和風料理。

最近老家那裡很多地方都變成住宅用地，草地越來越少……
以前我常在這一帶摘筆頭菜，現在已經……

這時剛好春天有機會回老家。
轟
老家在三重縣

媽媽說得很篤定，因此我們決定一家三口一起去摘筆頭菜。
摘筆頭菜時主要需攜帶的東西
媽媽
爸爸
我
手套和超市的塑膠袋……

我知道一個秘密的地方!!
我前一陣子發現的!!
那裡長很多筆頭菜喔!!

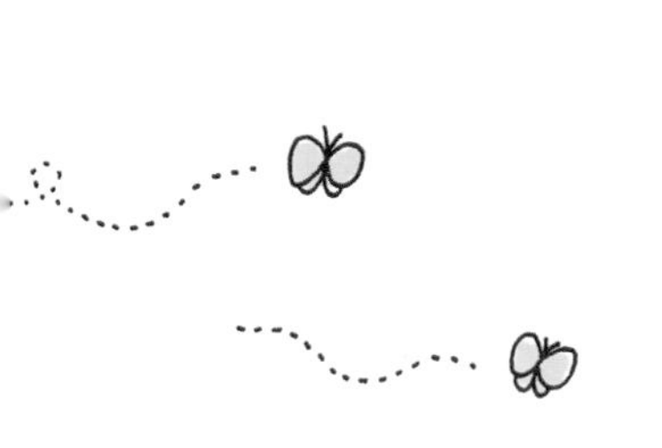

上次和爸媽一起去摘筆頭菜是什麼時候……
25年前？
還是更久？
這邊這邊～
我們在媽媽的帶領下沿著河堤走去……

哇!!筆頭菜耶～!!
真的發現有一個地方長了很多筆頭菜。

每回像這樣聞著花花草草泥土的味道……
回想~
就會覺得「啊~春天來了！」
摘

小時候摘起筆頭菜總是越摘越起勁……
嘿~好了啦~
要回家了
哈哈哈
特別是妹妹
摘
摘

連大人都很容易忘我，所以得多留心才行。
爸爸~那地方危險啦!!
不要緊啦
會掉進河裡啦!!
啊~!!

3個人摘30分鐘就摘了一大袋。
很多~

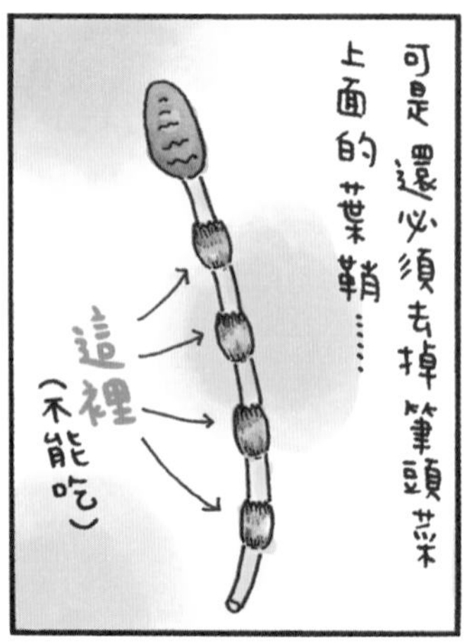

可是還必須去掉筆頭菜上面的葉鞘……
這裡（不能吃）

這真的很麻煩~
去打工……
去游泳……
兩個人都不幫我
不過包括去葉鞘這道程序在內，我還是很懷念摘筆頭菜。

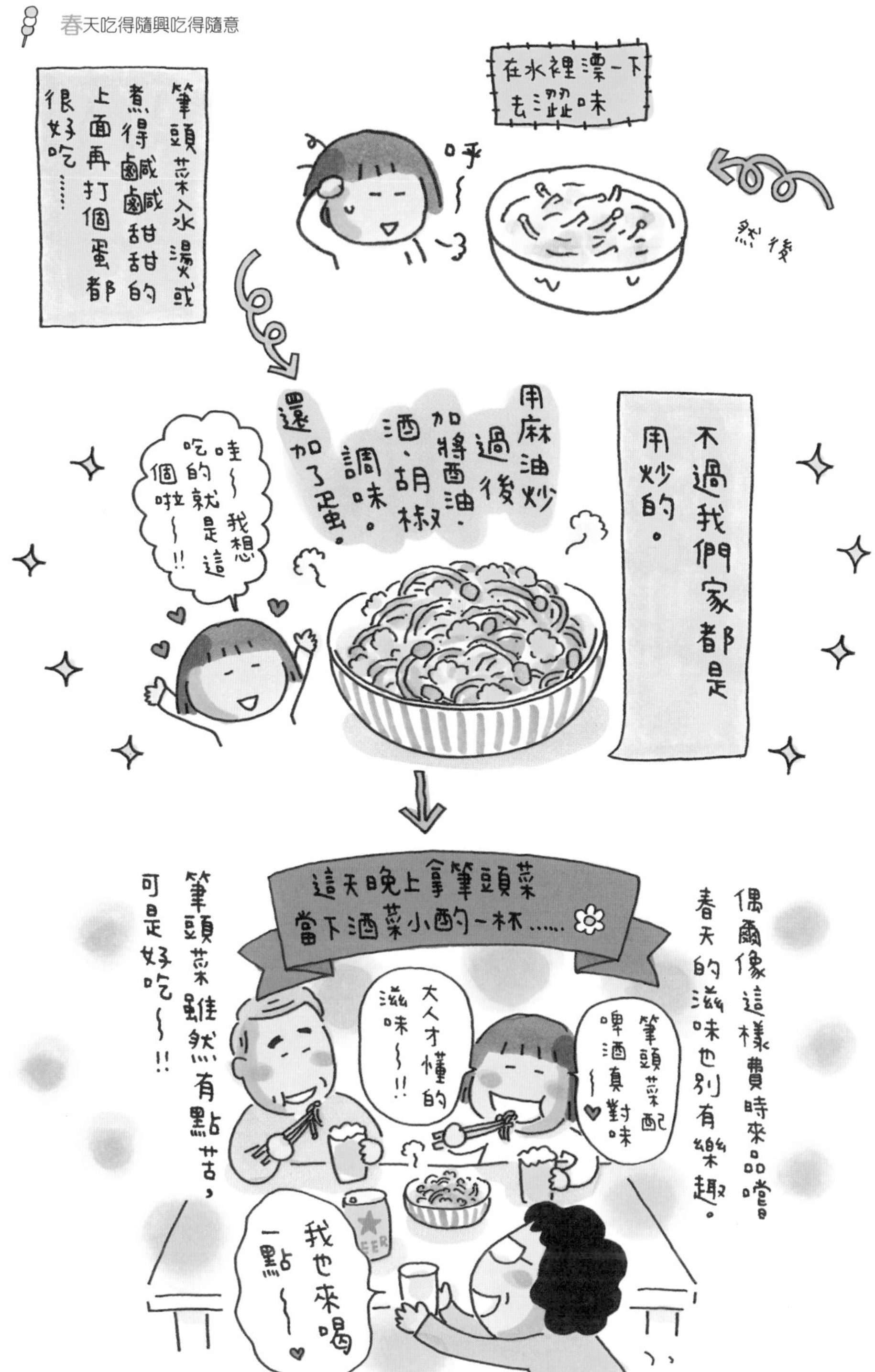
筆頭菜入水湯或煮得鹹鹹甜甜的上面再打個蛋都很好吃……
在水裡漂一下去澀味
呼~
然後
用麻油炒過後加將酒油酒、胡椒調味。還加了蛋。
不過我們家都是用炒的。
哇~我想吃的就是這個啦~!!
這天晚上拿筆頭菜當下酒菜小酌一杯……
偶爾像這樣費時來品嚐春天的滋味也別有樂趣。
筆頭菜雖然有點苦，可是好吃~!!
大人才懂的滋味~!!
筆頭菜配啤酒真對味~
我也來喝一點~
BEER

餐點寫真
爸媽一直往河邊摘過去……
危險啦~!!
和爸媽去摘筆頭菜
這裡也有耶~
去葉鞘是很麻煩的事……
大豐收~♡
筆頭菜上桌囉
幼稚園的窗戶上也長了筆頭菜。
好可愛~♡
春天的佳餚

再摘一把
筆頭菜篇

如果筆頭菜很容易就可以買到，那該有多好～～？
好想吃筆頭菜喔……♥
有筆頭菜農種了很多……
遍布～
筆頭菜園
在超市也可以買到♥
98日圓
38日圓
筆頭菜
筆頭菜
筆頭菜
豆芽菜
豆芽菜
促銷商品
筆頭菜
豆芽菜

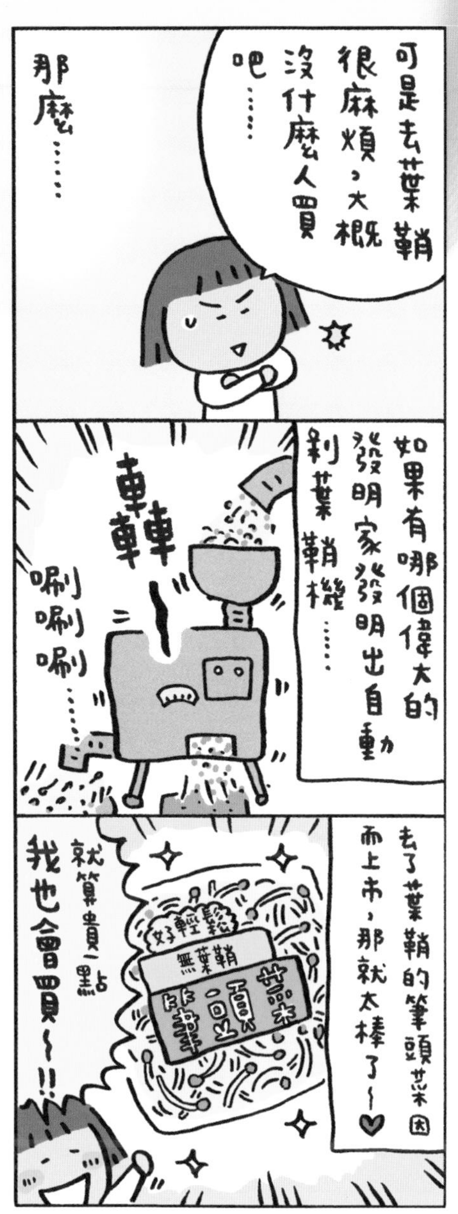
可是去葉鞘很麻煩，大概沒什麼人買吧……
那麼……
如果有哪個偉大的發明家發明出自動剝葉鞘機……
轟轟～
唰唰唰……
去了葉鞘的筆頭菜因而上市，那就太棒了～♥
好輕鬆
無葉鞘
筆頭菜
就算貴一點
我也會買～!!

春天小歇
正好眠
睡得
香又甜

夏天
吃得隨興
吃得隨意
豆腐店
苦瓜 98日圓
番茄 一籃 198日圓
手作
嫩豆腐
板豆腐 130日圓
油豆腐 70日圓
豆漿 100

之6
夏季倦怠的救星！酸酸的梅乾

可是有時很難買到符合自己喜好的梅乾……
為什麼超市賣的梅乾大多有加麥芽糖或蜂蜜呢～
如果有那種很單純的很酸的梅乾該多好……
碎念
碎念
嘈雜
嘈雜
醃鹵咸蘿蔔
鰹魚梅乾
蜂蜜梅乾
醬菜
超市
檢視原材料
不過百貨公司賣的高級梅乾也和我喜歡的有點不一樣……
又很貴……
熟食區
我喜歡的是那種味道單純比較鄉土味的梅乾……
歡迎光臨～
紀州產
頂級南高梅
閃
閃
也自己試著做過一次，可是……
嗚嗚……梅子發霉了……
失敗……
不知不覺間梅乾只剩下3個～
哇～
嘩空
嘩空～
嘩空～
啊～
←梅乾告罄的訊號

……總而言之，一發現有我喜歡的梅乾就要趕快買下來，不能遲疑……

像這樣買回來的梅乾我不只用來做飯糰或茶泡飯，還會放在各種料理上吃。
烏龍麵……
……中華涼麵
義大利麵……
和辣味麵很對味
拉麵……
跟鹽味拉麵也很合♥
大阪燒……
咖哩飯……
拍碎加蘿蔔、青紫蘇做成沙拉
小魚乾梅乾炒飯
梅乾拌小黃瓜
啤酒的下酒菜♥
全身倦怠的炎炎夏日，吃個梅乾也可以讓人精神為之一振!!
嗯～!!
直接吃也很不錯……
梅乾一顆元氣十倍!!
耶～!!
吃酸的東西度過夏日～!!

餐點寫真

這些是爸爸寄來的家鄉味

裡面也有我很喜歡的梅乾♡

這下子我有很多梅乾~!!

也會放在很多料理上吃……

不過還是配白飯最好吃!!

再吃一顆
梅乾篇

我多方採購梅乾……
這樣下去不行~~!!
大約三年前開始自己做梅乾。
在陽台上曬梅乾
努力
努力
雖然有點辛苦，可是還是自己做的好吃。
耶~~做了好多梅乾~~!!

做的時候可以隨自己喜歡的口味。
耶~這個好酸喔!!
這是我自己做的梅乾。
請妳嚐嚐~
妳自己做的?!好厲害喔~~!!
也可以送人……
因為貨源穩定，最近就大量地用。♥
用溫開水兌燒酒再加個梅乾也很好喝~~♥
麥

之7

番茄的季節來臨！

我最喜歡的蔬菜是—番茄♥
超市一整年都有賣番茄，常常不由得就買了。
番茄
一盒398日圓
嘿嘿嘿

雖然非常普通，可是我最喜歡的吃法是切一切撒一點鹽再淋上美乃滋。
所需時間30秒
這種吃法最好吃～～!!
咻嚕～

大家最喜歡什麼樣的番茄料理呢？
努力想出來的番茄時尚料理
番茄乳酪沙拉
蜜番茄
培根生菜番茄三明治
烤番茄

不過，不是當季的番茄味道通常差一點，價錢也比較貴……
噫……味道很淡而且沒什麼水分……
嗯～……
某一個冬天吃的番茄

啊啊～體內的茄紅素不夠～!!
好想補充喔～

因此冬天的時候盡量用生番茄以外的番茄製品來滿足慾望……
用番茄罐頭……
TOMATO
番茄湯
紅眼(Redeye)
啤酒加番茄汁調製的雞尾酒(我喜歡♡)
這個人到義大利麵店大多點番茄醬汁系列的
一個番茄醬汁培根菇類麵♡
嗯～
MENU
超想吃生番茄時就吃小番茄
碰到難吃的小番茄的機率似乎比較低
噗幾
噗幾

冬天過去了……
咻～
春天也過去了……
哇喔～!!
超市
SALE

番茄的季節終於來臨了……
番茄一盒一七八日圓
番茄
一盒178日圓
太好了!!
好便宜!!

噫?!
那邊有賣
整箱的
番茄!!
SALE
番茄
一箱 498日圓

也充分發揮我喜歡
吃番茄的本領!!
耶~!!
一次買2盒
回去吧~!!
喜形
我很快
就吃完了~!!
於色
LOVE
TOMATO

這個一箱
有10個,
算起來是
這個便宜……
而且這個
看起來大
又好吃……
1、2、3、
4、5、6、
7……
嗯~
碎念
碎念

我經常像這樣買很
多番茄,一點都不像
是一個人住……
嘿咻
嘿咻
嘿嘿嘿……

你覺不覺得
當季的番茄蒂頭那
裡的味道香又濃呢?
這裡
撲鼻~
條凍未~
啊啊~充滿
陽光泥土和新
綠的味道~
圓潤
飽滿
剔透
晶瑩

番茄買回來以後冰鎮一下……
叮鈴～
雀躍
歡欣
冰水
不淋美乃滋只撒些鹽直接咬著吃。
像是綠色的菜蟲♫
觸角
呼嚕……
啃
啃
鹽
各位喜歡番茄的朋友們!!
嘿嘿嘿……
啃
呼嚕
啃
呼嚕
趁夏天多吃一點當季的番茄吧～!!
番茄

好像
紅寶石喔～!!
餐點
寫真
看起來
好好吃喔～
我特製的
只淋美乃滋的番茄沙拉
也拿來帶便當……
雞肉番茄便當
番茄番茄番茄
番茄番茄番茄
番茄番茄番茄
番茄魅力
無法擋

再來一盤

番茄篇

在居酒屋的菜單上經常看到的番茄料理是……
芥末章魚
味噌小黃瓜
毛豆
冰番茄
榨菜豆腐
喔。
菜單
冰番茄……
嘈雜
嘈雜
說穿了不過就是把番茄切一切而已……
自己在家做也很簡單。
嘈雜
嘈雜
嘈雜
……
菜單

您點的冰番茄!!
請慢用!!
可是還是忍不住會點。
餐廳用的番茄大多都味道鮮美……
哇喔~晶瑩剔透!!
還有美乃滋♥
好吃的番茄配上啤酒魅力無法擋。
番茄配啤酒，棒極了~!!♥

之8
冷靜與熱情之間

好吧！今天就決定吃素麵～！

1
日本的夏天……
又悶又熱……
豔陽高照
嘰～
嘰～
嘰～
2
夏天老是愛吃涼麵這類的麵食。
嗚嗚……中午吃素麵好呢……
還是吃冷麵條或竹篩烏龍麵呢……
好熱喔……
啊……
經常備有冷凍烏龍麵
麵條
素麵

3
我的一個小小堅持是醬汁要自己做。
呵呵呵，自己做的醬汁～
鏘～
好涼喔
冰箱裡
呼～
不加水，用醬油、味醂、酒、柴魚花等熬煮出來濃縮醬汁可以保存一個月左右。
用的時候記得加水稀釋喔!!
4
我很喜歡蔥薑等各種佐料，所以會放很多。
呵呵
蔥、紫蘇、蘘荷和薑通通加進去～
咚
咚
薑一定自己磨泥，不用那種軟管式的。

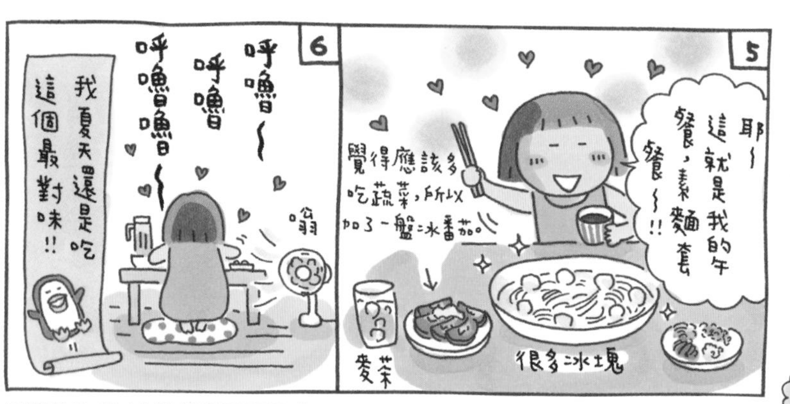

5
耶～這就是我的午餐，素麵套餐～!!
覺得應該多吃蔬菜，所以加了一盤冰番茄。
麥茶
很多冰塊
6
呼嚕～
呼嚕
呼嚕嚕～
嗡
我夏天還是吃這個最對味!!

用砥部燒的蕎麥豬口杯裝醬汁。
在愛媛縣買的，我很喜歡。

※砥部燒（とべやき）是以愛媛縣伊予郡砥部町一帶為中心生產的陶瓷器。

可……可是，老是吃這種冰的東西對身體不好吧……
對有點年紀的女人來說……
正要切西瓜當飯後甜點的時候
……我突然不安起來，連忙做一道味噌湯當做這餐飯的收尾。
要吃點熱的東西才好!!
喀嚓
平常我做味噌湯都會自己熬湯頭，可是嫌麻煩的時候有時就用先前做好的吃麵的醬汁……
倒一點進去~
多了醬油和味醂的風味，另有一番好滋味!!
味噌
湯料就用剛才剩下的佐料吧~
放進去碗裡
加一點海帶芽
海帶芽
味噌湯裡放蘘荷也很好吃!!
一下子就做好了!!
呼~好暖胃喔~
薑讓身體整個暖和起來了!!
不管平常是怎樣的飲食生活，我總覺得只要喝味噌湯就可以帶給我健康。
暖和~
我吃飽了~
轉圈
轉圈
味噌湯真的是威力無窮!!

日本的夏天入夜以後也是暑氣逼人……
啊……好熱喔……
悶熱~~
煮飯也很麻煩，晚餐喝啤酒就算了吧！
呼~
砰
我有時也會做這種事。
而我最喜歡的夏天的下酒菜是……
涼拌豆腐
上面也會放很多佐料♥
梅乾拌小黃瓜
把小黃瓜和切碎的梅乾拌一拌，再撒上一點柴魚花……
生魚片
這個我一年到頭都愛吃!!
海藴
呼嚕呼嚕~~♥
島路蕎
來自沖繩♥
……猛然發現自己又都吃些生冷的東西。
啊！
糟糕!!
冰透的啤酒
什麼糟糕?!

於是又趕緊做味噌湯。
火啦!!
要用火啦~~!!
轟轟~~
喀嚓
沒煮飯所以味噌湯裡面放馬鈴薯補償(?)一下……
灑粉
灑粉
唰~~!!
差點又錯一次，幸好及時發現。
安全……
過關……吧?
對吧?!
要記得多吃熱食度過炎夏喲~~!!

餐點寫真
豔陽高照
夏天我喜歡吃麵食♡
吃麵的醬汁一次做多一點備用!!
常配的佐料
嘰～
嘰～
嘰～
某天的午餐——素麵
又是……
也要吃些熱的東西才行!!
用剩下的佐料做味噌湯
上級品
讃岐うどん
国産小麦粉100%使用
3食入
ゆで

涼快一下

冰

冷靜與熱情之間篇

天氣熱的時候會很不想煮飯～
好熱喔～
電鍋
冷凍的飯也沒有了……
這麼一來更懶惰了……
嘎啦啦……
又乾脆吃涼麵。
呼嚕嚕

然後覺得很罪惡……
又是吃冰冷的麵……
也沒準備其他的菜……
這種時候，我經常打個蛋加點糖……
把吃麵剩下的醬汁和佐料一起加進去……
做成甜甜的玉子燒。
熱呼呼～
這樣也可以補救一下？

之9

終於有了果汁機

有一個東西我
猶豫了好幾年
到底要不要買。
那就是……
果汁機！

有這個的話就可以
自己在家裡做喜
歡的果汁或蔬果
昔了～
參考看
看喔～
果汁機
果菜機
買這個
好呢？
可以養顏
美容又可以
減肥～
看起來
不錯耶～
嘿嘿嘿
還是
這個好呢？
有幾次差點
就買回家了……

不過果汁機在買回去卻沒在
用的家電中通常都是排
前幾名。
後悔家電
排行榜……
① 果汁機、果菜機
② 咖啡機
③ 美顏機
④ 裁縫機
⑤ 麵包機
啥米？！
打擊
是喔……
是因為很快
就膩了的
緣故嗎？
碎念
碎念
碎念
猶豫
不決
聽說洗起來
也很麻煩……
嗯～
一直下不了決心……

哇喔～!!
今年有人送我一台
果汁機當生日禮物……
小型的
鏘～
果汁機
耶～～!!
哇
嗯!!
既然有人送，
那我就要多
加利用囉～!!
我有果汁機的生活
就此展開。

從來沒用過果汁機的我……
做什麼果汁好呢~♡
呵呵呵

把這些材料放進果汁機裡……
按這個按鈕……就可以了吧……
忐忑
我……要按了喔……
不安
不安

沒想到這麼好喝……

搞不好可以去賣耶……
在廟會的時候……
特製香蕉牛奶
歡迎光臨～
大排長龍
嘰
熱鬧
熱鬧
熱鬧
買給我喝啦～
一杯300日圓

大為感動的我後來也常常打香蕉牛奶……
嘰～
嘿嘿～♥

有時也放香蕉以外的東西，每天喝得不亦樂乎。
香蕉蘋果牛奶
酪梨牛奶
香蕉草莓豆漿
草莓牛奶
香蕉香草冰淇淋牛奶
用西瓜和牛奶做的西瓜牛奶也很不錯～♥
很喜歡吃西瓜
咕嚕
咕嚕
嗯～可是還是第一次做的味道單純的香蕉牛奶好喝～♥
夏天放一點冰塊進去也很好!!
咕嚕
咕嚕
咕嚕
咕嚕
本來想說每天喝自己打的果汁有益健康又能減肥……
經常備有香蕉

沒想到反而胖了……
哎呀?!
是因為香蕉吃太多了?!
很重
便便倒是變順暢了……

原來要多喝一些蔬果昔才對呀?!
蔬果汁只用蔬菜、水果和水……
怎麼做呢?!
不可以加牛奶或糖類?!
嘩啦
嘩啦
蔬果昔食譜

嘰～～

因此我最近也打蔬果昔喝……
小松菜加蘋果、葡萄柚的蔬果昔
稠～
嗯～……不難喝，可是也稱不上好喝……
可是不管怎麼搭配蔬果都做不出我覺得好喝的……
嗯～……
雖然好像很有益健康……
菠菜、奇異果和柳橙的蔬果昔
果汁機最後變成只是我打果汁娛樂的夥伴。
呼
洗完澡喝自己打的水果牛奶～
耶～!!

鏘～!!
餐點寫真
有人送我果汁機，太好了!!
T-fal
開始有果汁機的快樂生活～!!
西瓜牛奶
西瓜汁
草莓香蕉牛奶
草莓牛奶
綜合水果牛奶
香蕉牛奶
有時也打打蔬果汁!!
咕嚕……
嘰～
葡萄柚、香蕉和水
小松菜和菠菜……
T-fal
經常備有很多水果!!

再打一杯

果汁機篇

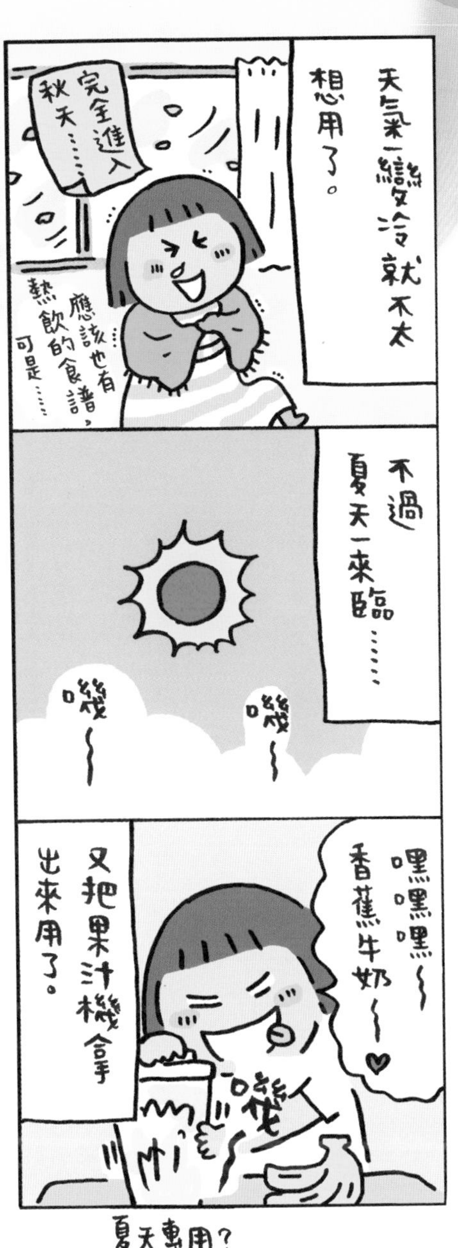

夏天專用?

之10

清涼一夏的涼拌豆腐

可是到了盛夏蘘荷還是沒得收成……
呼～今天好熱喔～
是吃涼拌豆腐的天氣～
蘘荷還不能摘來吃嗎～
嘰～
嘰～
嘰～

沒想到到了10月只長了5個。
終於可以摘了～!!
從土裡冒出來

儘管錯過了涼拌豆腐的最佳時節，不過剛摘的蘘荷口感清脆又美味。
今天吃撒滿蘘荷再淋上辣油的涼拌豆腐～
BEER

話說有一家店的涼拌豆腐一直教我難忘～
那是我20幾歲時常去的一家居酒屋……
關東煮
歡迎光臨～
嘈雜
嘈雜

他們一到夏天就會推出一道「國王菜涼拌豆腐」。
簡稱「國王豆腐」
讓您久等了!!
這是您點的國王菜涼拌豆腐～
耶～
哇～
很多!!

這道上面淋了黏稠的埃及國王菜的涼拌豆腐味道獨特又美味，我和我的酒友們都非常喜歡……
好好吃喔～!!
大家一起吃
耶～♥
這店裡的菜全是由一位歐巴桑負責。我問過這店裡獨自負責烹調所有菜餚的女店主這道菜怎麼做。
那個就是把國王菜燙一下，然後像這樣用菜刀剁一剁……
再拌一些酒、醬油和芝麻而已啊。
咚
咚
咚
咚
咚
咚
老闆娘(70多歲)很酷～♥

連忙在家裡自己做做看……
嘿嘿嘿……
咚
咚
咚
咚
咚

剁了就會變得黏黏的
黏糊～

不知道為什麼就是和在店裡吃的有點不一樣……
嗯～……好吃是好吃，可是沒有像在店裡吃的時候那麼感動……
為什麼呢？

同樣回家自己做做看的酒友們也沒有人可以完美複製……
我做的也是沒有店裡的那麼好吃～
是不是因為店裡用的材料都是精心挑選的？
竊竊私語
我看那個老闆娘說是那麼說，其實還加了什麼佐料提味呢～
國王豆腐會議

現在那位老闆娘已經退休，店裡也沒有那道國王菜涼拌豆腐了。
店還在，由年輕人繼續經營。
嘈雜
嘈雜
嘈雜
哇～好懷念老闆娘的國王菜涼拌豆腐喔～!!

現在有時想起來
還是會做……
不知道老闆
娘現在怎麼
樣了～
對了，
今天加一點麻
油看看～
還在摸索
咚
咚
咚
咚
咚
咚
咚
好了～♥
黏糊～
這味道我到現在
仍然無法複製成功……
嗯～
還是不一樣……
BEER
不過去年收成以後
就沒管它的蘘荷盆栽
不知不覺間又冒出了新
芽!!
耶～
又可以有蘘
荷吃了吧～
快速
成長
今年夏天我也要好好
享受涼拌豆腐的滋味。

餐點寫真
哇！長出來了!!
種在花盆裡的蘘荷
看起來有點營養不良，可是也可以上桌!!
很喜歡這些佐料
和辣油也很對味哩!!
SAPPORO
生
Orion
おかずラー油
しぼりたて 生一 しょうゆ
想起往事……做國王菜涼拌豆腐
↑這是剛買回來的蘘荷
黏糊～
咚咚咚咚
好像可以改善夏日倦怠!!

涼拌豆腐篇

你會不會有時候不知道買板豆腐好還是嫩豆腐好呢?

板豆腐

嫩豆腐

嗯~要買板豆腐還是嫩豆腐……

我常常猶豫不決。

我是比較喜歡口感滑嫩的嫩豆腐……

滑嫩~

有沒有口感介於兩者之間的豆腐呢……

※日文滑嫩(tsuru)與鶴(tsuru)發音同,作者在此製造了同音笑點。

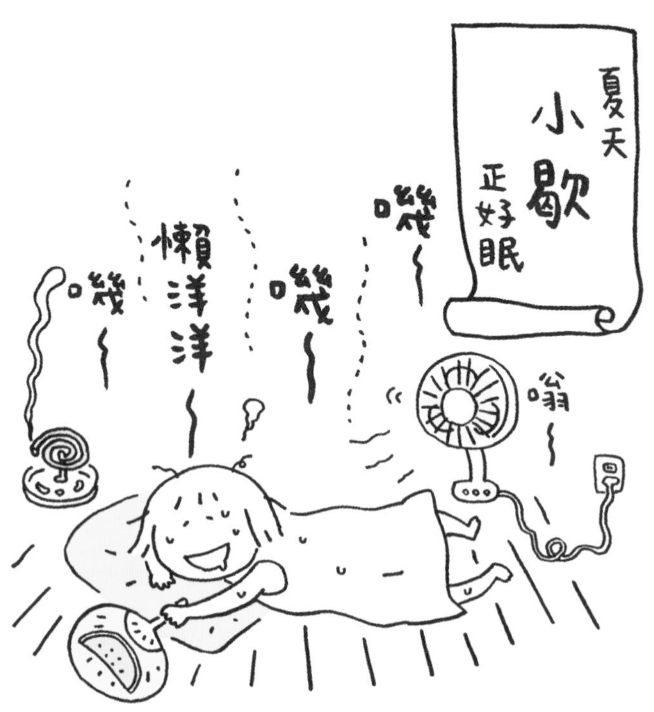
夏天
小歇
正好眠
嘰～
嗡～
嘰～
懶洋洋～
嘰～

特別篇

什麼是隨興隨意？

烹調時用的各種計量用具我家裡有是有……
量匙
量杯
嗶嗶嗶……
廚房電子秤
有計時功能的鐘
可是我很少用。
今天中午吃泡麵就算了～
咯吱
咯吱
醬油拉麵
譬如煮泡麵的時候也是……
放五百毫升的水。
濾水壺
像這樣隨便目測。
嘩啦
嘩啦
水開以後，把麵放進去煮3分鐘。
咕嘟
咕嘟
丟
醬油拉麵
這種時候明明有計時器也不用……
對了，來放一點海帶芽進去!!
靈機一動!!
海帶芽拉麵
麵煮到一半又想起這種事……
海帶芽海帶芽……
得快點
用水泡一下。
忙亂
忙亂
鹽藏海帶芽
不知不覺間憑感覺量的3分鐘已經過去了。
咕嘟
咕嘟

特別篇

什麼是隨興隨意?

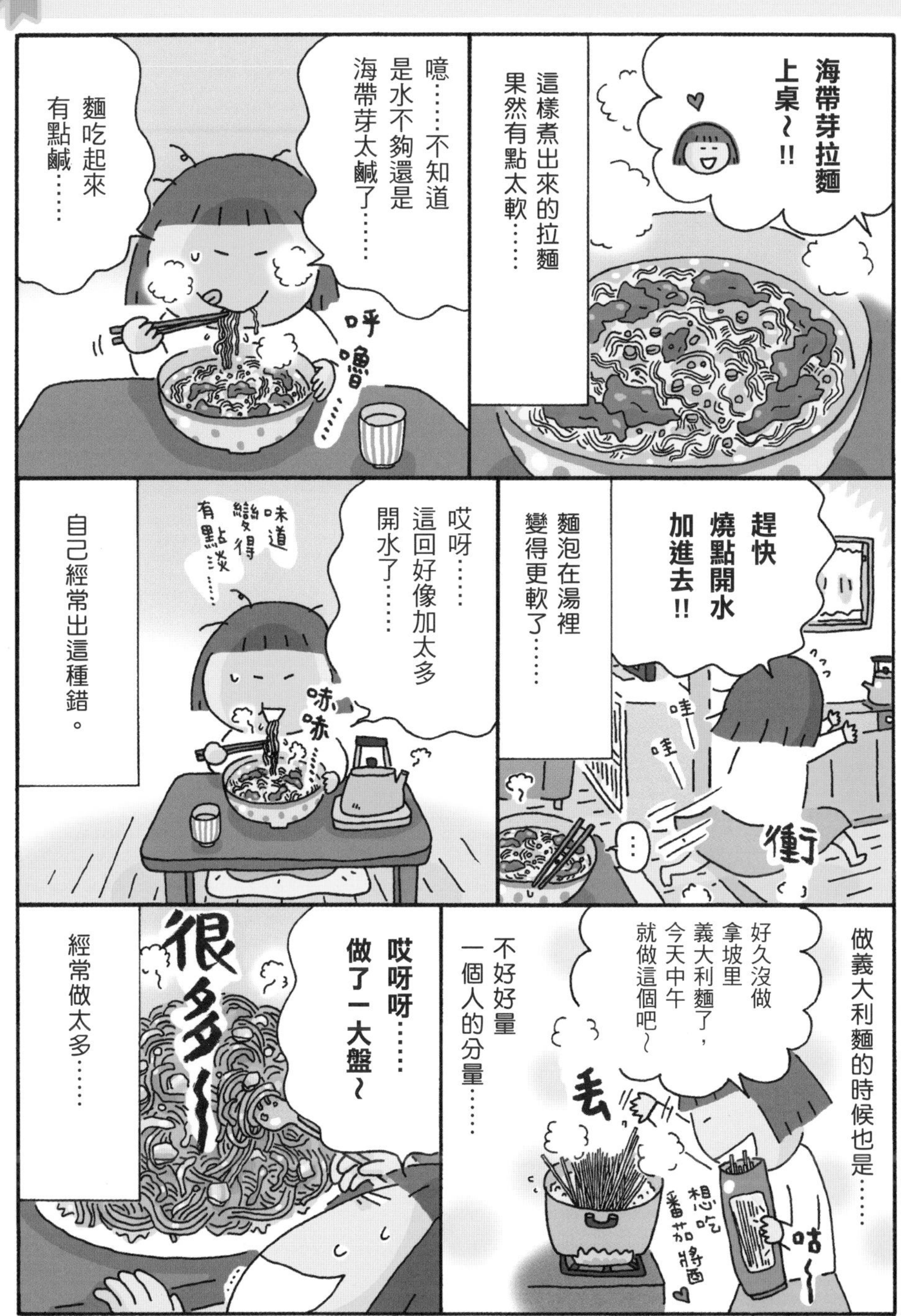
海帶芽拉麵上桌~!!
這樣煮出來的拉麵果然有點太軟……
噫……不知道是水不夠還是海帶芽太鹹了……
麵吃起來有點鹹……
呼嚕……
趕快燒點開水加進去!!
麵泡在湯裡變得更軟了……
哇—
哇—
衝
…
哎呀……這回好像加太多開水了……
味道變得有點淡……
咻咻……
自己經常出這種錯。
做義大利麵的時候也是……
好久沒做拿坡里義大利麵了，今天中午就做這個吧~
想吃番茄醬
咕~
丟
不好好量一個人的分量……
哎呀呀……做了一大盤~
很多~
經常做太多……

做麵的醬汁時也是隨便做……
醬油、味醂和酒～
咕嚕
咕嚕
所以有時候做得很好吃……
嗯，今天的醬汁味道真不錯!!
呼嚕
呼嚕
有時又差一點……
噫……好像有點太甜……
放太多味醂了嗎？
我做菜的時候少的就是謹慎與細膩……
為什麼呢……是不是應該好好量分量……
做菜的時候還要費這道功夫，很麻煩耶～
還有用心吧……
有點失敗，不過反正是自己吃的沒關係沒關係!!哈哈哈～
胡椒
加上一個人住久了嘛……
呵……
例如毛豆我也都是隨便加鹽煮一煮……
其實我根本也不知道正確的煮法……
喜歡吃
毛豆
有一次我稍加反省……
嗯!!那就好好來煮這包毛豆吧!!
加油～!!
決定好好照書上寫的煮一次毛豆。

什麼是隨興隨意？

嗯~
毛豆的煮法……
什麼？
煮之前要先用剪刀
把豆莢的兩端剪掉?!
CUT
基礎烹飪
對齁?!
這樣才容易
入味~
我都不知道~
我以前都沒剪
就放下去煮了。
喀嚓
喀嚓
喀嚓
嗯，剪好了！
接下來呢~
蛤？還要
用鹽搓一搓?!
呼~
基礎烹飪
對齁?!這麼做
鹽的味道會滲進去，
也可以去掉豆莢上的毛
更好入口~
這我也從來
沒做過~
抓
抓
抓
約2小匙
鹽
然後鍋裡放
一千毫升的水
和2大匙的鹽~
確實地量……
等水開了，
把用鹽搓過的毛豆
放進鍋裡~
鹽
煮的時間如果過長，
毛豆原有的甜味
會流失，因此以
3~5分鐘最佳!!
時間隨毛豆大小而異
咕嘟
咕嘟
也量一下時間吧!!
嗶
計時器
我以為鹽水煮毛豆很簡單，
沒想到還有這麼多步驟和要領。

煮好以後
用篩子濾乾
並用扇子搧涼。
可以去除多餘的水分，顏色也可維持鮮綠不致變黃。
哎喲～
還要這樣喔～!!
啪
啪
啪
像這樣花了比平常
多一倍以上的功夫與時間……
好了～!!
呼～
熱呼呼～
鹽水煮毛豆
終於可以上桌了!!
喔喔!!
顏色的確比我平常
煮的漂亮……
軟硬適中，
鹹味也剛好!!
好好吃喔
BEER
不擅長做精緻料理的我……
豆莢有剪過，
一壓豆莢裡面的豆子
很容易就跑出來，
吃起來
也很方便。
咻
發現像這樣細心地做一道
簡單的菜餚也很有趣……
嗯～
毛豆真好吃～
感謝有人
費心地種了
這些毛豆～
咻
咻
每一顆豆子
都教我吃得好感動……
今天晚上
就再來一罐
啤酒吧～
這天晚上不由得
酒興大增～

秋天
吃得隨興
吃得隨意
書
BOOKS
咖啡·輕食
ORANGE
新米
米店

之11
最佳配飯小菜

可是要回日本的時候……

啊～我現在只想吃白飯而已!!

我天生是個愛吃米飯的人……

米～!!

嘎啦嘎啦

搖搖晃晃

所以一回到家馬上開始洗米煮飯。

白飯～剛煮好的熱騰騰的白飯～

碎念碎念……

唰唰

洗米水我通常都留起來不會丟掉。

嘩～

拿來泡澡代替泡澡粉……
糠水浴
先讓皮膚吸收米的精華～
皮膚水嫩嫩♥
呼～
白濁～
有些白濁別有風情
泡好澡時飯也剛好煮好了!!
熱呼呼
飯煮好了～太好了～♥
暖呼呼
對了，你最喜歡的配飯小菜是什麼呢？
朋友
朋友
嗯～我最愛的還是海苔吧？
生雞蛋
鮭魚卵
鹽辛墨魚
昆布佃煮
辣鱈魚子
納豆
山藥泥
大芥菜
柴魚花
小魚乾
梅乾
我喜歡的東西有很多，很難取捨。

我說的不是調味海苔而是原味的。
像這樣
一束束賣的
我們家似乎非常喜歡海苔。
海苔
脆脆
放在正中央讓大家都可以拿得到
而且爸爸都是在很講究品質的海苔店買的，所以我現在回老家有時也會趁機拿一些上東京……
嘿嘿嘿，這次也A了海苔～
海苔賊
帶回來的海苔，吃之前先用瓦斯爐火細心烤過……
烤過之後風味更佳。
唰
唰
其實用炭火是最好的……
撕成八等分
用手撕也很像我家凡事隨便的作風。
撕
撕
再附上一小碟醬油就ok了!!
想要再豪華一點時，有時也會加個生的醬油蛋。
吃法也沒什麼特別，就是半邊的海苔沾些醬油……
沾
沾
放到飯上，用筷子連飯夾起來……
捲～
送進嘴裡!!

這麼簡單平凡的食物……
嗚～～
好好吃喔!!
卻是我的最愛……
再來一碗飯～
剛煮好的飯只配上一點點菜就能讓人幸福洋溢，真是太神奇了！
呼～好好吃喔～♥
這個人三張海苔吞掉二碗飯
剩下的飯放進剛好是一碗飯分量的保鮮盒裡冷凍!!
嘿嘿嘿……♥
又儲備了很多冷凍的飯。
我叫它「冷凍飯儲金」。
只要用微波爐就可以享受熱騰騰的米飯。

餐點寫真
飯多煮一點
然後冷凍!!
你喜歡拿什麼配飯吃呢～？
小菜定食
有效運用洗米水!!
也可以用來煮蘿蔔喔！
有很多配飯的小菜～
なめ茸

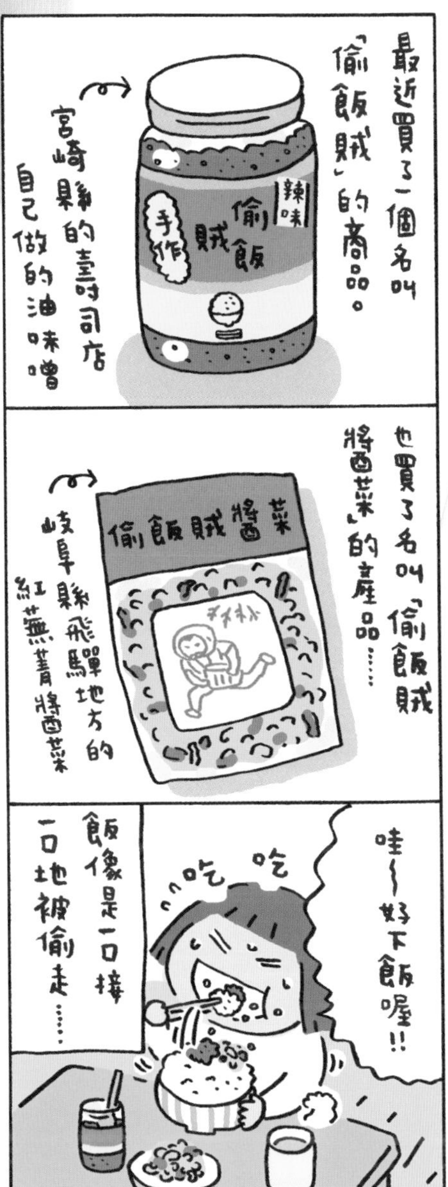

另外前幾天也買了「鰹魚酒盜」。

鰹魚內臟的鹽辛

（在神奈川縣買的♥）

酒盜

鰹魚

酒盜是一種非常下酒的珍饈，會令人酒興大增宛如酒被偷盜了一般……

酒

可是酒盜也很下飯♥

哇～這下子飯也被偷了～!!

吃 吃

何止酒而已～

我們家有很多偷飯賊……

之12

運動之秋、水煮雞肉之秋?!

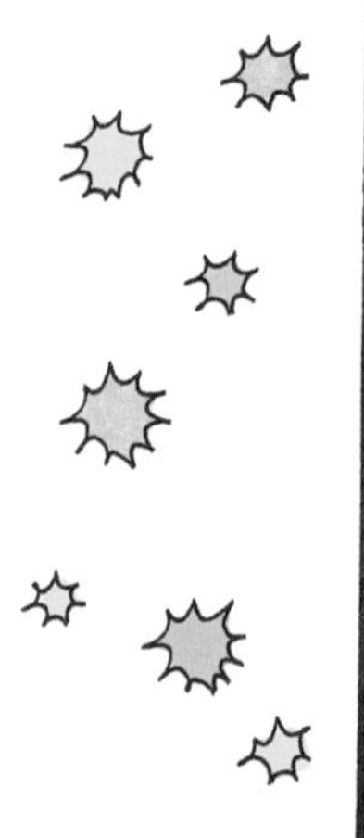

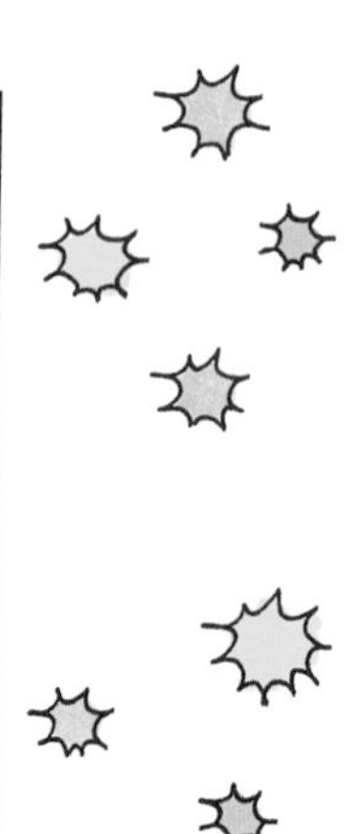

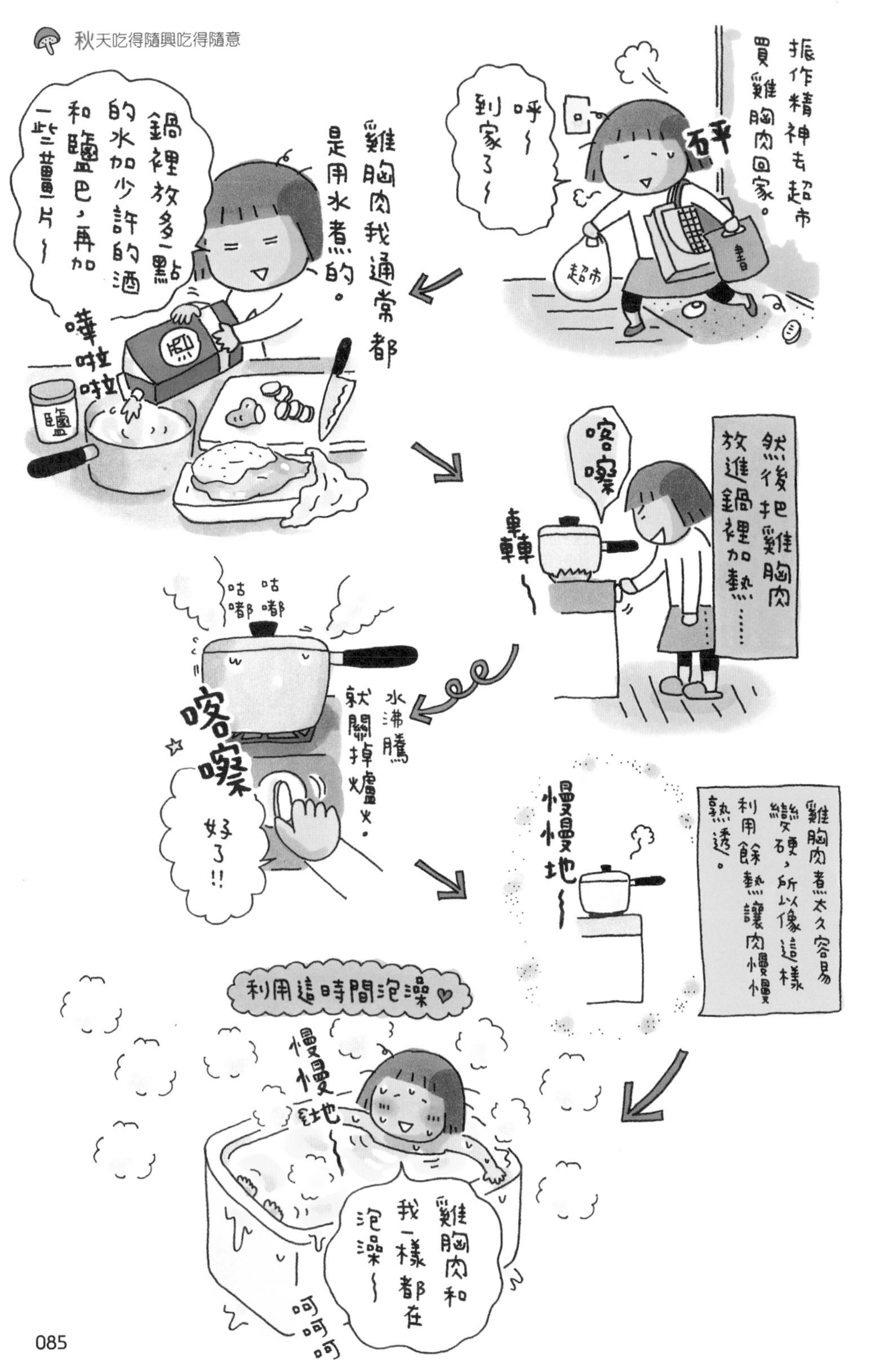

振作精神去超市買雞胸肉回家。
碎
呼～到家了～
超市
書
雞胸肉我通常都是用水煮的。
鍋裡放多一點的水加少許的酒和鹽巴，再加一些薑片～
嘩啦啦
鹽
然後把雞胸肉放進鍋裡加熱……
喀嚓
轟轟～
咕嘟 咕嘟
水沸騰就關掉爐火。
喀嚓
好了!!
雞胸肉煮太久容易變硬，所以像這樣利用餘熱讓肉慢慢熟透。
慢慢地～
利用這時間泡澡♡
慢慢地～
雞胸肉和我一樣都在泡澡～
呵呵呵

泡好澡出來，雞胸肉也煮得恰到好處……
呼～好舒服喔～♥
暖呼呼～
熱呼呼～
掀
然後迅速開始做飯……
用煮雞肉的水做個湯吧～
舀一點過來……
嘩啦
嘩啦
沐浴後的伸展運動
水煮雞肉淋上醬油、醋和辣油。
萵苣、蘿蔔苗
韓國泡菜
納豆
茶
耶～開動了～!!
冷凍的飯用微波爐加熱
煮雞肉的水加鹽和胡椒調味，打個蛋花撒上蔥末。
NEWS
吃
嚼
嚼
吃
剩下的雞肉繼續泡在鍋裡一個晚上……
…
天氣熱的時候要放冰箱喔

第二天早上——
經過一個晚上，鍋裡的雞肉變得更嫩更美味……
嘿嘿嘿～
吃早餐囉～
切片做成三明治……
還有雞湯
或者帶便當……
還帶了雞湯
我最近肌肉量有慢慢在增加喔……。
今天也要努力工作～～!!
加油～!!
我今後也要持續適度運動並注意飲食均衡。
便當

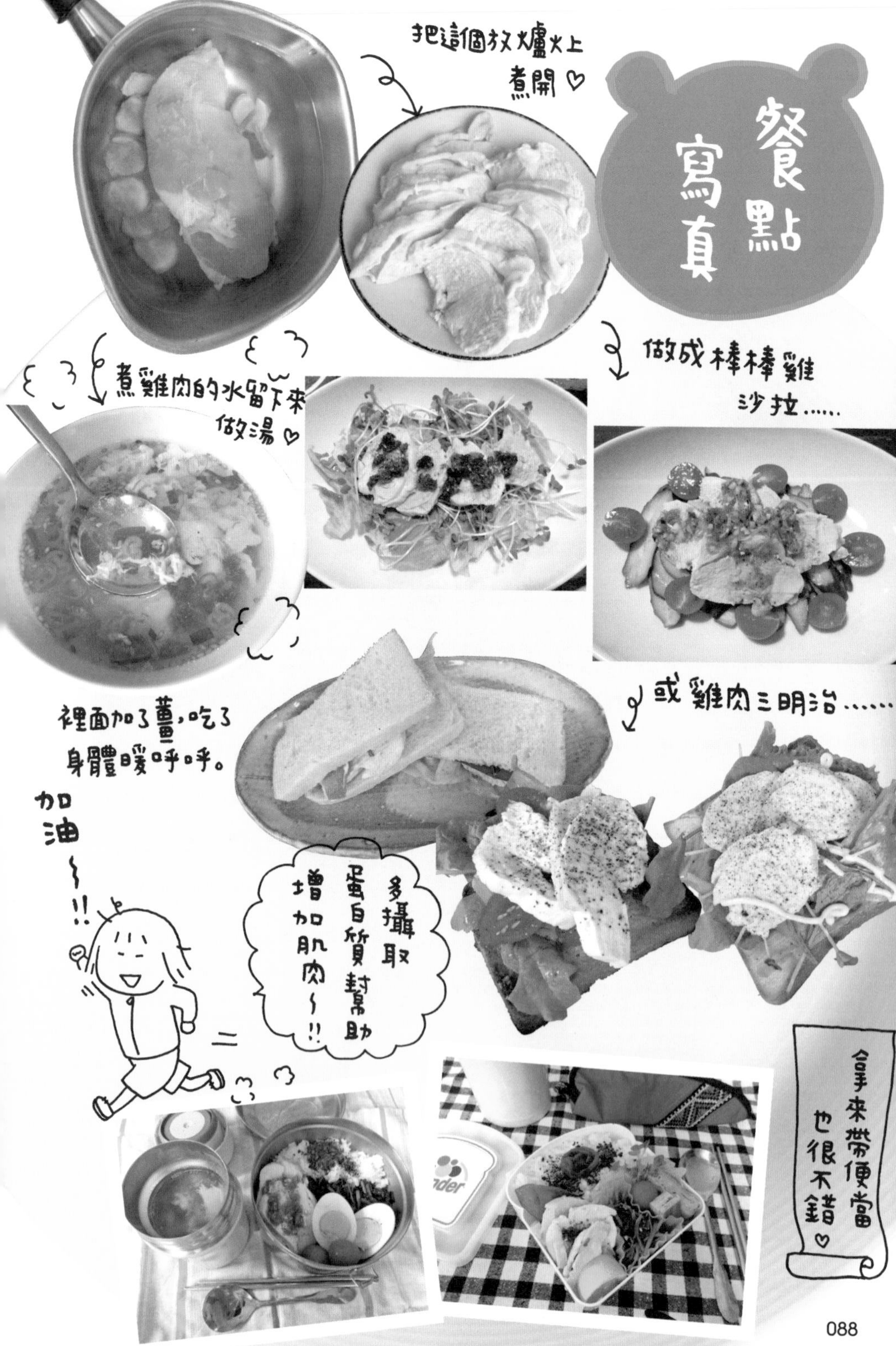
餐點寫真
把這個放爐火上
煮開♡
煮雞肉的水留下來
做湯♡
做成棒棒雞
沙拉……
裡面加了薑，吃了
身體暖呼呼。
或雞肉三明治……
加油～!!
多攝取
蛋白質幫助
增加肌肉～!!
拿來帶便當
也很不錯♡

再來一盤

水煮雞肉篇

在健身房
有一段時期我為了參加馬拉松比賽，努力攝取蛋白質並鍛鍊肌肉……
呼
呼
結果肌肉量果然增加了!!
哇喔?!
測量肌肉量的機器
我以前的人生幾乎和肌肉扯不上邊……
努力果然就會有收穫……
感動~

但是比賽過後整個人也就鬆懈下來……
呆~
ㄎㄠ
ㄎㄠ
沙拉仙貝
肌肉量很快又和以前一樣
哎呀?!
肌肉跑到哪裡去了?!
一偷懶也後果顯著……
嗚嗚……好不容易鍛鍊出來的肌肉都沒了……

只好再加油囉……

之13
開始喝咖啡

我覺得秋天似乎很適合喝咖啡……

可惜我不太敢喝咖啡。
因為很苦……

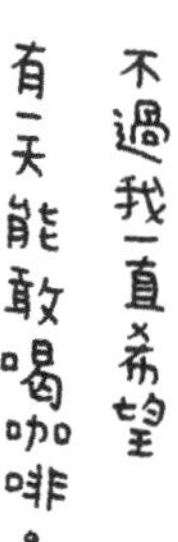

不過我一直希望有一天能敢喝咖啡。

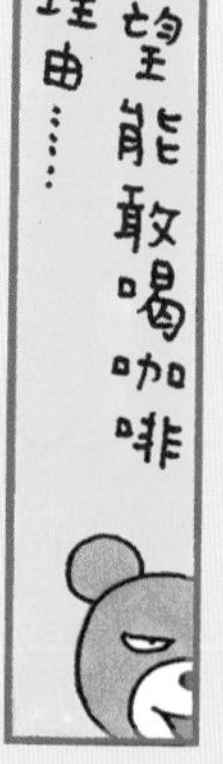

希望能敢喝咖啡的理由……

之① 喜歡咖啡的香味。
COFFEE SHOP
嗅
嗅
嗅
啊……好香喔～

之② 有時會想喝咖啡提神。
嗚嗚……還不能睡可是好睏喔……
這種時候如果我敢喝咖啡……
度咕
度咕……
茶

之③ 去公司談事情的時候，有時他們會端咖啡出來。
哎呀，咖啡!!
請用～
不喝會不會很不好意思……
謝謝

之④ 在自助飲料區，咖啡大多是用機器沖泡的，紅茶卻是茶包。
好像有點吃虧……
義式咖啡機
咕嘟
熱水
TEA
紅茶派

說練習其實也只不過是在家裡泡很淡很淡的咖啡而已……

嗯……

這樣的濃度一點也不苦嘛!!

這我就敢喝!!

放很多熱開水沖得很淡很淡～

耳掛咖啡

儘管如此，我也慢慢開始敢喝咖啡了……

嗯嗯～換成咖啡牛奶也沒問題嘛!!

不錯喝!!

咖啡：1
牛奶：3
的比例

幾乎都是牛奶

MILK

最近在外面也能喝咖啡了。
歡迎光臨～
COFFEE SHOP
不過我還只是剛上路……
種類太多，搞不清楚……
COFFEE
綜合咖啡
美式咖啡
摩卡咖啡
藍山咖啡
吉利馬札羅咖啡
曼特寧咖啡
義式咖啡
哥倫比亞咖啡
歐式咖啡
維也納咖啡
隨便點好了!!
MENU
我要一杯這個。
好的
我貪心地點了個似乎格調比較高的咖啡……
今日咖啡
哥倫比亞咖啡

好……
好苦喔……
結果有時是這樣的下場……
不敢喝……
嗚嗚……胃好痛……
因為太濃了嗎……
不舒服～
有時又是這樣……
因此我大多點這個。
一個美式咖啡。
好的。
有時也會點咖啡牛奶。

話又說回來，咖啡香真的很吸引人。
光聞就覺得心情舒暢……
嘈雜
嘈雜
嗅
嗅
咕嘟咕嘟
這是您點的美式咖啡，請慢用。
哇
感覺有點像熟女♡
喝咖啡起步比較晚，感受更深刻……
啜……

哪一家店的咖啡哪一種咖啡豆符合自己的味……
嗯，這咖啡我敢喝耶～
太好了……
咻咻
這些都有待以後好好研究……
不過覺得世界好像變得寬廣一些!!
COFFEE SHOP
咻～～
妳還不是只喝美式咖啡而已～
所以呢……
雖然還在摸索階段，但最近偶爾也會享受一下咖啡時光。
呼～
呼～
儘管喝了咖啡，想睡覺時還是照睡……

餐點寫真
家裡
嗯，這個的話我就敢喝♡
66℃30分間
タカナシ
低温殺菌牛乳
放很多牛奶練習喝咖啡
這我敢喝嗎？
加油!!
練習喝咖啡
好香喔～～♡
這個我敢喝，太好了!!
哇啊啊……好苦喔!!
這個看起來好像很苦……
忐忑不安
繼續練習……

再來一杯
咖啡篇

我想點的是美式咖啡……
嗯～……
不過有時飲料中沒有。
飲料
咖啡 300日圓
紅茶(牛奶、檸檬)300
柳橙汁 350日圓
果汁 400日圓
400日圓
對不起，您可以給我美式咖啡嗎？
前些時候我在某家店這麼問……
我問廚房，他們說如果是一樣的東西的話可以。
蛤？
一樣的東西……？
那我就點那個吧～
雖然有點狐疑還是點了那咖啡……
!!
讓您久等了～～
沒想到端上來的是普通的咖啡和沖淡用的熱開水。
只好告訴自己量變多了，賺到了……
咕嘟咕嘟
咕嘟

之14

一個人住的感冒餐

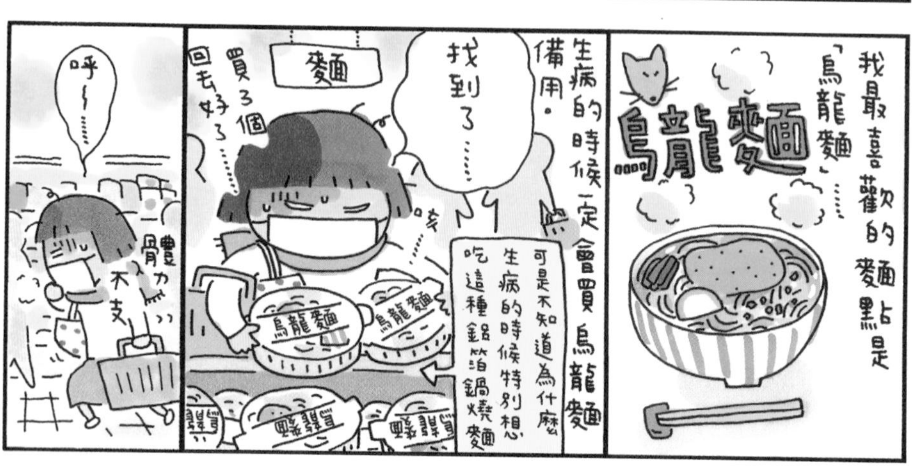

這種時候的一個小確幸是買高級一點的甜點♥
甜點
至少生病的時候應該買貴一點的冰淇淋……嘿嘿嘿……♥
碎念
碎念
我一直很想嚐嚐這布丁，趁這時候買回去吧……嘿嘿嘿……♥
另外也不忘買我覺得有感冒療效的蔥……
蔥……蔥的神奇功效
咳……

接著去結帳
3個烏龍麵……2個冰淇淋……2個果凍……
嗶
嗶
烏龍麵
果凍
布丁
一看就知道是感冒的人買的東西……
哎喲～好重喔!!
買太多了～
搖晃
搖晃
很重……
啊……好像發燒得更高了……
頭昏
目眩
這種時候雖然不能硬撐……

但吃飯也是得自己弄。
要多補充營養才行……
放一堆蔥進去……
咳
咳
鋁箔鍋燒麵只要放爐上加熱就行了，很方便。♥
咕嘟
咕嘟
不過還是沒什麼食慾。
嗚嗚～沒胃口……剩下的晚點再吃吧……
冰淇淋的話倒是吃得下
飯後乖乖地吃藥……
內服藥
1日3次
飯後

需要的東西都放在伸手可及的地方……
接下來就是好好躺著睡覺。
退熱貼
藥
SPORTS DRINK
水
垃圾桶
體溫計
咳
咳
手機
起來熱烏龍麵吃……
這次加了個蛋
咳
咳
癱～
嗯～……
又回去睡覺……
水～……
搖搖
晃晃
又起來……
水
姊姊擔心我，所以過來探望。
身體情況怎麼樣？
姊……
喀嚓……
cake
哇喔～～!!
我買鮮果凍來給妳。
cake
蛋糕店的♥

還有沒有想吃什麼東西？
啊……嗯～稀飯之類的吧♥
一副撒嬌妹妹的姿態
咳
咳
好好吃喔……
這個我就吃得下……
感動～

感冒的時候最幸福的餐點莫過於有人特別為你準備的飯菜……
削好的蘋果我放冰箱喔～
哇～♥
熱呼呼
熱呼呼

這場感冒讓我深深體會人的溫情和健康的可貴，不久感冒也痊癒了。
健康又快樂!!
耶～
耶～
喵～!!

餐點寫真
嗚嗚……這種時候實在沒胃口吃炸的東西……
加了茼蒿和梅乾
加了蔥
也不用洗鍋碗瓢盆很方便♫
感冒時必吃的鋁箔鍋燒烏龍麵
也要多補充維他命~♡
買了高級一點的甜點~
吸吸吸~
熱呼呼~♡
POGARI SWEAT
SUNTORY
天然水
Natural Mineral Water
レンジで簡単!
讃岐うどん
鍋焼うどん
Häagen-Dazs
しょうが湯

再來一鍋
感冒餐篇

以前有一次我得了重感冒去超市買鋁箔鍋燒烏龍麵……
嗚嗚……烏龍麵~
咳
咳
沒想到鋁箔鍋燒烏龍麵竟然賣完了!!
哎呀~
空
鋁箔鍋燒烏龍麵
198日圓
那陣子非常流行感冒……
是不是都被感冒的人買走了……
不會吧……

沒辦法只好繞到便利商店……
已經沒力氣走很遠了~
24H
便利商店
咳
咳
晃晃
搖搖
他們賣的是便利商店才有的比較高級的鋁箔鍋燒烏龍麵……
鏘~
冷凍
鍋燒烏龍麵
有點高級
嗚嗚嗚……太好了~
唏唏……
那烏龍麵的滋味教我好感動~

之15
去外面吃早餐♪

我最近的一個小小樂趣是……
去外面吃早餐
咯咯咯咯~
有事得外出的日子提早一點出門……
嗯~跟人家約10點在車站碰面，那可以先去吃個早餐。
東張
西望
咖啡屋
ORANGE
A 早餐套餐 吐司、咖啡 350日圓
B 附培根煎蛋 450日圓
C 附湯 550日圓
喔，這裡好像不錯耶!!
這是您點的B套餐，請慢用~
耶~
我發現很多店都有早餐套餐……
好好吃~
酥脆
酥脆
還是咖啡屋的吐司烤得好~
雖然是很簡單的餐點，但卻覺得既豪華又幸福。

速食店也大多有早餐套餐。
有一回去一家甜甜圈店。
Donut
早餐套餐
上午11:00止
巧克力甜甜圈
今天早上比較想吃甜的~♥
任由挑選的甜甜圈、湯和飲料的套餐 四百八十日圓
嗯~甜甜的好好吃喔~!!
早上吃甜甜圈心情也隨之振奮起來。
而且早上吃甜食那種罪惡感也輕一點……
乘興又去最近很夯的一家鬆餅店。
哇~鬆鬆軟軟入口即化~♥♥
熱呼呼~

一份鬆餅套餐和現榨果汁總共是二千一百八十日圓
叮!!
好……好貴喔!!
就早餐而言雖然很貴，可是偶爾為之也不錯。
前幾天我也和編輯一邊吃早餐一邊談事情。
編輯
哇—
好多蔬菜喔~!!
麵包和培根沙拉的套餐♥
謝謝~
那我去公司上班了。
車站
再見~
底稿好了我再傳給妳~
我去一下書店~
邊吃早餐邊談公事，結束之後時間還很早，感覺還有很多時間可以做其他的事。

家庭餐廳的早餐種類也非常豐富。
歡迎光臨～
family restaurant
啾啾

哇～有麵包、丹麥吐司、法國吐司、三明治、早餐片、格子鬆餅等等，種類好多喔～♥
蛋糕還有巴西紫莓耶～可以養顏美容～♥
哇哈哈，還有咖哩飯和披薩耶～
也有各種自助式飲料耶～
MENU

啊，也有一般的日式早餐耶～
日式早餐
600日圓
烤鮭魚定食
烤青花魚定食
納豆另加50日圓

要吃西式早餐還是日式早餐，這是日本人有時會碰到的問題……。
想吃麵包，可是又想吃白飯和味噌湯……
最近都沒吃鮭魚……
加50日圓就附納豆耶……
吃麵包還是吃飯……
碎念
碎念
碎念
嗯～……
哪一個好呢……
碎念
……
如果是你，你會選哪一個呢？

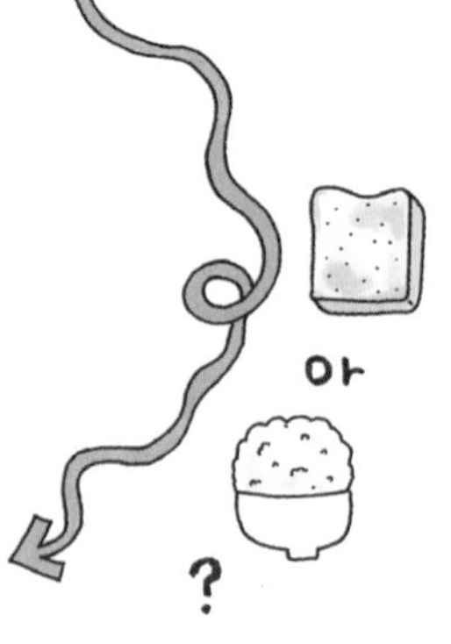
or
?

請問您要點餐了嗎？
嗯……好了。我點一個烤鮭魚定食～
這種時候我往往會選擇和食。
機率差不多是西餐2和食8
還要加一個納豆♥
日式早餐

讓您久等了~!!
鏘~
哇~
納豆
THE 日式早餐
即使是在家裡常吃的菜餚，在外面吃就是感覺不一樣。
太好了~我最喜歡納豆了~
黏~
黏~
黏~
黏~
啾 啾!!
吃過美味的早餐，精神百倍~!!
希望今天也是美好的一天~!!
嘿—!!

餐點寫真
啾啾
啾啾
GOOD MORNING～
很單純的套餐
有蛋杯更幸福了～♡
可是也想吃日式早餐～!!
咖啡屋的烤吐司真好吃～♡
香脆的烤吐司♡
鬆鬆軟軟入口即化的鬆餅♡

再來一份
早餐套餐篇

有回發現一家店的早餐有咖哩飯。
哇，咖哩耶～!!
早餐咖哩
(8:00～10:00)
500日圓
不由得被吸引，於是點了一份。
哇哈哈，早上就吃咖哩飯耶!!
跟棒球選手鈴木一朗一樣～
不過後來覺得胃有點脹……
可能對我來說有點太重了吧……
雖然很好吃……

另一天又發現有一家店早餐有賣拉麵。
啊，拉麵耶?!
早餐
早餐拉麵
500日圓
早餐拉麵?!
早上就吃拉麵會不會太重了……
不過說不定量沒有那麼多……
結果量和一般的拉麵差不多。
呼～吃飽了～
今天也要好好加油囉～!!
砰

秋天小歇
正好眠
呼~
呼~

冬天
吃得隨興
吃得隨意
SAMMY
超市

之16
充實一個人吃火鍋的設備！

冬天全家人一起
圍著吃火鍋，
暖和又溫馨～♥

冬天吃火鍋的
理想畫面

熱鬧
熱鬧
熱鬧

我還要～

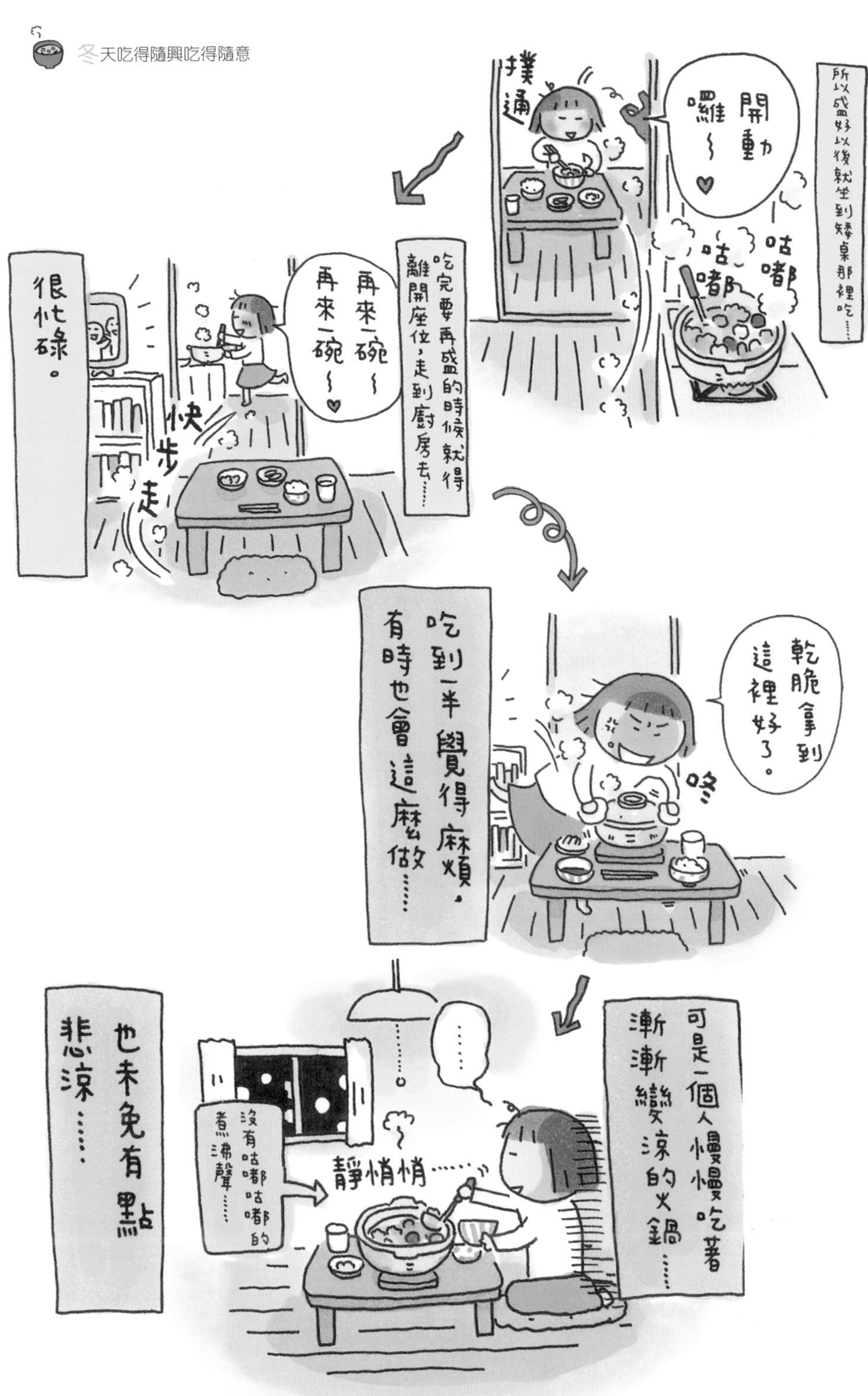
所以盛好以後就坐到矮桌那裡吃……
開動囉～♥
撲通
咕嘟
咕嘟
吃完要再盛的時候就得離開座位，走到廚房去……
再來一碗～
再來一碗～♥
快步走
很忙碌。
吃到一半覺得麻煩，有時也會這麼做……
乾脆拿到這裡好了。
咚
可是一個人慢慢吃著漸漸變涼的火鍋……
……
靜悄悄……
沒有咕嘟咕嘟的煮沸聲……
也未免有點悲涼……

有幾次很猶豫到底要不要買卡式瓦斯爐……
家裡放那種罐裝瓦斯。
難保自己不會出錯～
GAS
GAS
3罐裝
GAS
這個
因為這種沒膽的理由一直不能下定決心……
最後我終於決定買這個!!
IH電磁爐
這個的話，連我也可以用得安心。
照理說!
不過馬上就碰到問題了!!
噫……?
什麼聲音?
什麼？電磁爐不能使用砂鍋?!
說明書
嗡—
嗡—
嗡—
嗡—
我對電磁爐太沒概念了，連這都不知道……
家裡的不鏽鋼鍋可以用，但是……
感覺更加淒涼……
用單把鍋一個人吃火鍋……
咕嘟
咕嘟
咕嘟
咕嘟
咕嘟
也有適用於電磁爐的砂鍋

所以就買回來了!!
換這個!!
電磁爐也可以用的陶瓷砂鍋!!
鏘~
在餐桌吃火鍋的設備終於齊全了!!
順便也把暖桌弄好!!
耶~終於像個樣子了~!!
看著眼前發出咕嘟咕嘟煮沸聲的火鍋，這樣就夠療癒的了。
可……可是，我好像又做太多了~
咕嘟
咕嘟
咕嘟
咕嘟
很多
剩下的明天熱一熱繼續吃吧~
暖暖
呼呼呼呼
不管很多人一起或一個人，冬天吃火鍋都是一大享受!!

餐點寫真
準備好一個人吃火鍋&小酌~
咕嘟
咕嘟
咕嘟
一個人吃涮涮鍋
一個人吃湯豆腐
再來一罐吧~
用剩下的湯做成雜燴粥
第二天早上
用剩下的湯做西洋芹湯
一個人喝酒
Asahi
Prem
熟撰

再來一鍋

一個人吃火鍋篇

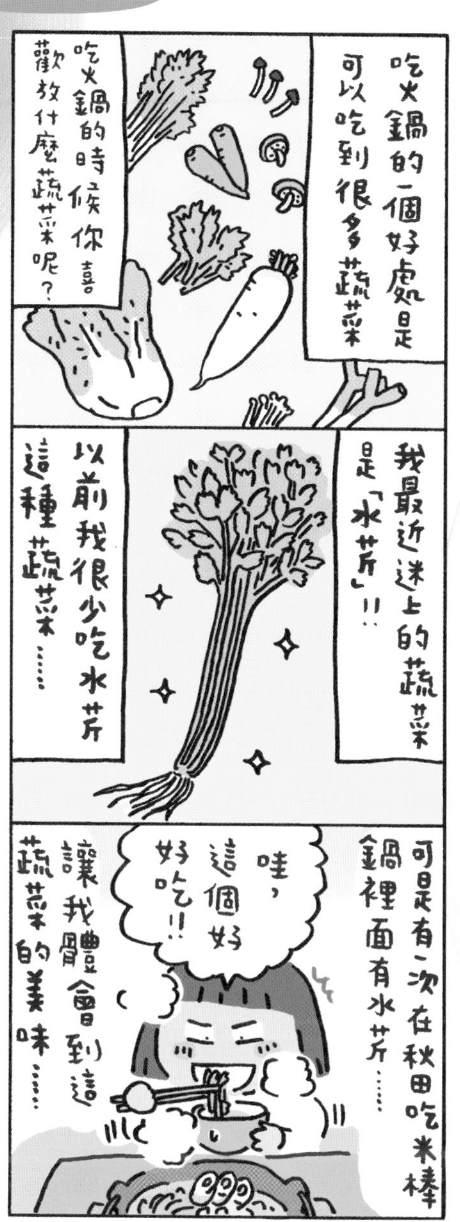

吃火鍋的一個好處是可以吃到很多蔬菜
吃火鍋的時候你喜歡放什麼蔬菜呢？
我最近迷上的蔬菜是「水芹」!!
以前我很少吃水芹這種蔬菜……
可是有一次在秋田吃米棒鍋裡面有水芹……
哇，這個好好吃!!
讓我體會到這蔬菜的美味……

現在我還是偶爾會煮放很多水芹的火鍋。
火鍋料只有豬肉和水芹，很單純。
水芹是主角
水芹的香氣讓我無法擋……
清脆
清脆
再多也吃得下～
沾橙醋
不過我還是覺得在秋田吃的水芹最好吃……
我一定還要再去秋田吃水芹!!
我的一大心願

之 17

冰箱大掃除

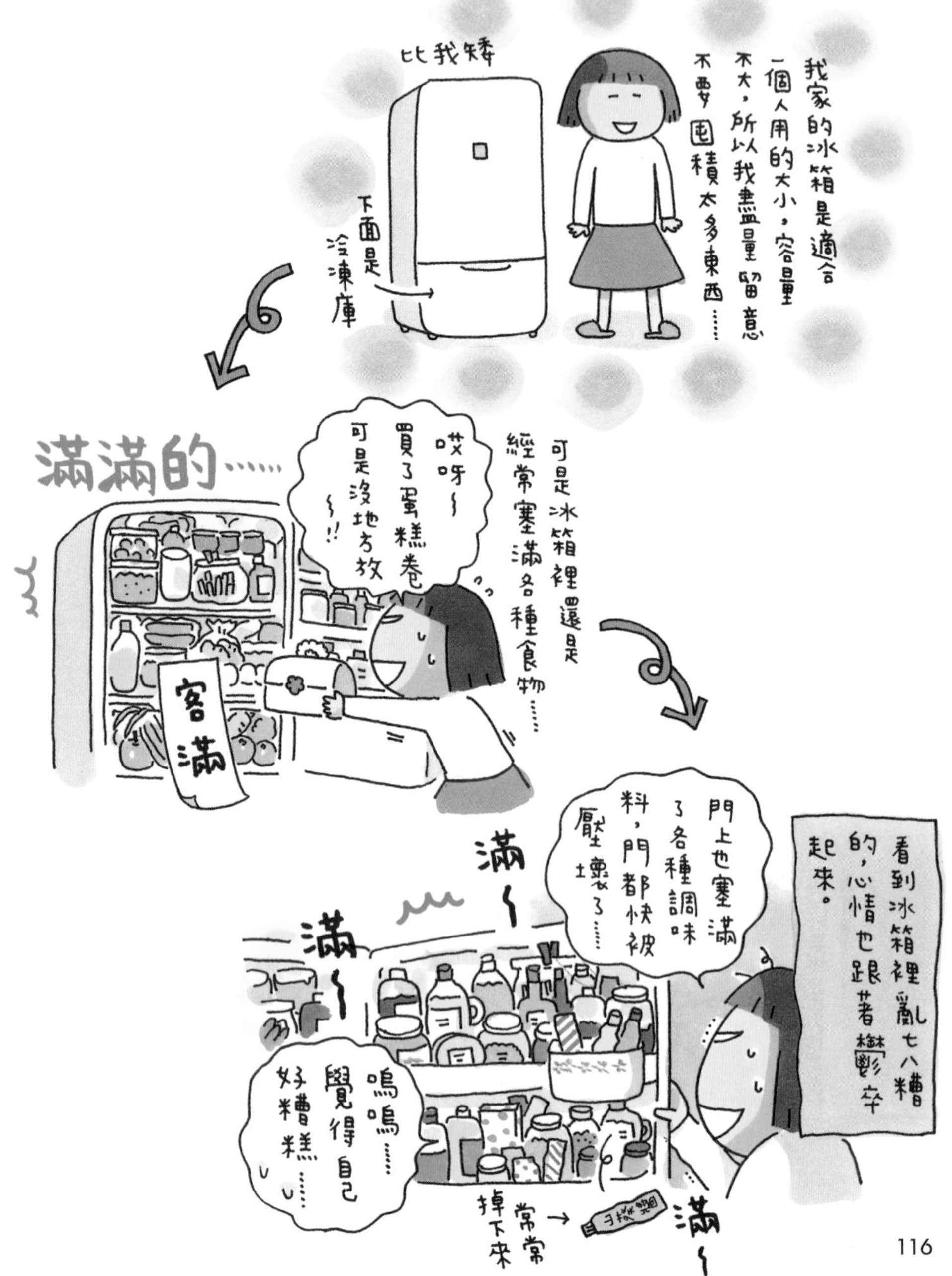
我家的冰箱是適合一個人用的大小，容量不大，所以我盡量留意不要囤積太多東西……
比我矮
下面是冷凍庫
滿滿的……
可是冰箱裡還是經常塞滿各種食物……
哎呀～買了蛋糕卷可是沒地方放～!!
容滿
門上也塞滿了各種調味料，門都快被壓壞了……
看到冰箱裡亂七八糟的，心情也跟著鬱卒起來。
滿～
滿～
嗚嗚……覺得自己好糟糕……
常常掉下來
滿～

我常常會迷上某種食物，然後就老是吃那東西……
韓式泡菜火鍋
耶～買了韓國辣椒醬～
拿坡里義大利麵
買了高級一點的番茄醬
和起司粉～
像這樣買回來的各種調味料用不完越積越多。
芥末醬
山葵醬
香草鹽
起司粉
伍斯特醬
秋田魚露
油
美乃滋
沖繩辣椒水
大阪燒醬
番茄醬
楓糖
蠔油
辣椒味噌醬
豬肉味噌醬
韓國辣椒醬
柚子胡椒
咖哩粉
七味粉
芥子醬
辣油
芝麻醬
很多～～～!!
這種時候我偶爾會利用這些調味料做一道菜!!
那就是麻婆豆腐～!!
加油～～!!
我覺得麻婆豆腐隨便做味道也都還OK。
其實應該是要用甜麵醬、豆瓣醬的，可是家裡沒有，所以決定改用紅味噌……
呵呵呵……
然後憑靈感把家裡有的調味料一種接一種地加進去……
放韓國辣椒醬和蠔油，再放一點番茄醬……
再放一點不記得為什麼買回來的豬肉味噌醬……
攪拌 攪拌 攪拌
再加一點辣油進去……
嘿嘿嘿……
※該如何調配請各位自行負責。

就這樣我獨創的麻婆豆腐醬完成了!!
做好了~!!
鏘~!!
平底鍋裡放一些油，把絞肉、切碎的大蒜、薑和蔥等炒過之後……
嗞
加進自己獨創的麻婆豆腐醬繼續拌炒……
加水或酒稀釋……
其實應該是要用紹興酒比較好，算了，用日本清酒就好了……
嘩啦
唰~
然後加進豆腐，等豆腐熱了後勾芡……
淋在白飯上……
麻婆豆腐燴飯
最後撒上配色的蔥末就完成了!!
如果撒上中國的花椒就更道地了，可是沒有，只好撒上少許日本山椒……
花椒粉
偶爾做做這道菜就可以消化掉很多種調味料。
嗯，滿好吃的嘛!!
做得不錯嘛~

除了調味料以外，我的冰箱裡還塞了很多奇怪的東西……
吃東西經常會剩一點點
…
有時也會把這些剩的東西全部混在一起做成大阪燒。
裡面有過期的納豆、起司、醬菜、小魚乾、蔬菜，還有其他很多東西……
只要淋上大阪燒醬，味道基本上就沒問題啦!!
我認為!!
開開心心玩創意料理，讓冰箱和心情都變得更美麗~!!
太好了~♫
有地方可以放啤酒了~!!

餐點寫真
不知不覺間累積下來的各種調味料
亂七八糟～
隨意攪拌一下
獨家創意麻婆豆腐燴飯
麻婆豆腐醬酒
很不錯
隨意也
豆腐

再加一點

冰箱大掃除篇

調味料這類的東西為什麼會越來越多呢?
哇,這個的賞味期限已經過半年了!!
有好幾種調味料都已經過了賞味期限……
這種時候還有另一道食譜可以幫忙解決問題,那就是……
咖哩
吧?!
這些通通加進去~
我偶爾也會把剩下的調味料、香辛料混合起來做創意咖哩。

雖然過了賞味期,煮一煮應該就沒問題吧~
再加一點果醬進去調味~
嘿嘿……
雖然是隨興又隨意的奇怪料理……
嗯,還不錯嘛!!
有點像藥膳的咖哩
最後用咖哩整合味道,基本上都ok。
噫……肚子好像怪怪的……
咕嚕嚕……
不過萬一吃壞肚子也是要自己負責……

之18

有點特別的新年餐

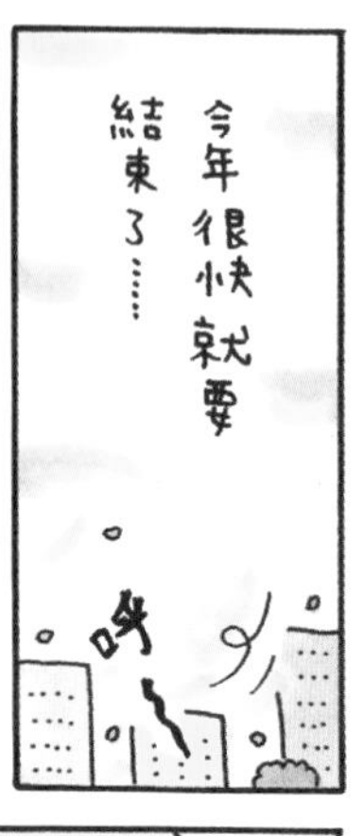

今年很快就要結束了……
呼~

過年期間你最想吃的東西是什麼呢？

我最想吃的是螃蟹！
嗯~……
螃蟹 網購
喀嚓
喀嚓
喀嚓
喀嚓
我們全家都很喜歡吃螃蟹，最近這幾年不知道為什麼變成由我來負責訂過年吃的螃蟹。

可是買螃蟹也很難……
這螃蟹看起來不錯，可是好貴喔……
根本買不起……
生的螃蟹或許比較好吃，可是還要自己煮也很麻煩……
要買日本的？還是俄羅斯的？
嗯~要帝王蟹？還是松葉蟹？還是花咲蟹？還是毛蟹？
要買整隻？
只買蟹腳？
喀嚓
喀嚓

有一年，心一橫訂了2大隻帝王蟹……
冷凍

結果不僅味道差強人意，又不好大家分著吃……
爸~你把這蟹殼掰開~
好痛喔……我去拿鉗子過來好了~
嗯~味道有點淡，肉也很少~
啊~我想吃那大蟹腳，怎麼被你拿走了~?!
哇—
哇—
哇—
喀嚓

隔年就改訂比較小但價錢適中的香箱蟹，每人一隻。
福井縣產
香箱蟹
雌的松葉蟹

年底回老家過年的第二天……
東京
名古屋
三重
咻——!!
螃蟹也順利送達老家!!
直送香箱蟹
滿滿的!!
哇喔~~!!
冷藏宅配
這回的香箱蟹肉質鮮美，又可以一個人獨占一隻，很符合我們家人的個性，深受全家好評。
爸爸吃得很慢條斯理
默默
默默
很專心
蟹膏也好好吃~
啊，紅白歌唱大賽開始了~
紅白歌唱大賽
熱鬧
熱鬧
熱鬧
嘿嘿嘿
螃蟹酒~
從那以後，最近這幾年年底都固定訂香箱蟹。
啊，我也要喝清酒~
幫我拿來!!
對了!!
用蟹殼盛日本清酒喝!!

恭賀新喜
進入新的一年也繼續享受美食。
嚼
嚼
吃不完耶～♥
POTATO
盡情地喝酒……。
哇哈哈
滾～滾～
濁酒
葡萄酒
BEER
我們全家每年1月3日都會一起去掃墓祭祖……
去買買東西吧～
SALE
SALE
回家的時候，經常順路去一家正在舉辦新春特賣的大型超市。
嘈雜
嘈雜
嘈雜
章魚燒
拉麵
烏龍麵
來到這裡通常就在美食廣場吃午餐……
在這裡吃完飯再回家吧～
好啊好啊～!!
耶～!!

我們通常都是點這些東西。
東海地方的人喜歡的壽賀喜屋拉麵
sugakiya
300日圓
章魚燒400日圓
叉匙
醬油串糰子1枝80日圓
但每年都覺得這些東西好美味，是過年的一大樂趣……
呼嚕
呼嚕
吃了好久沒
和螃蟹相比，這些雖然平價又是大眾口味……
哎呀～!!
凸出
而且每年都是
過年肥
全家人身體健康，熱熱鬧鬧地聚在一起，不管吃什麼都好吃，這是我每年的感想。

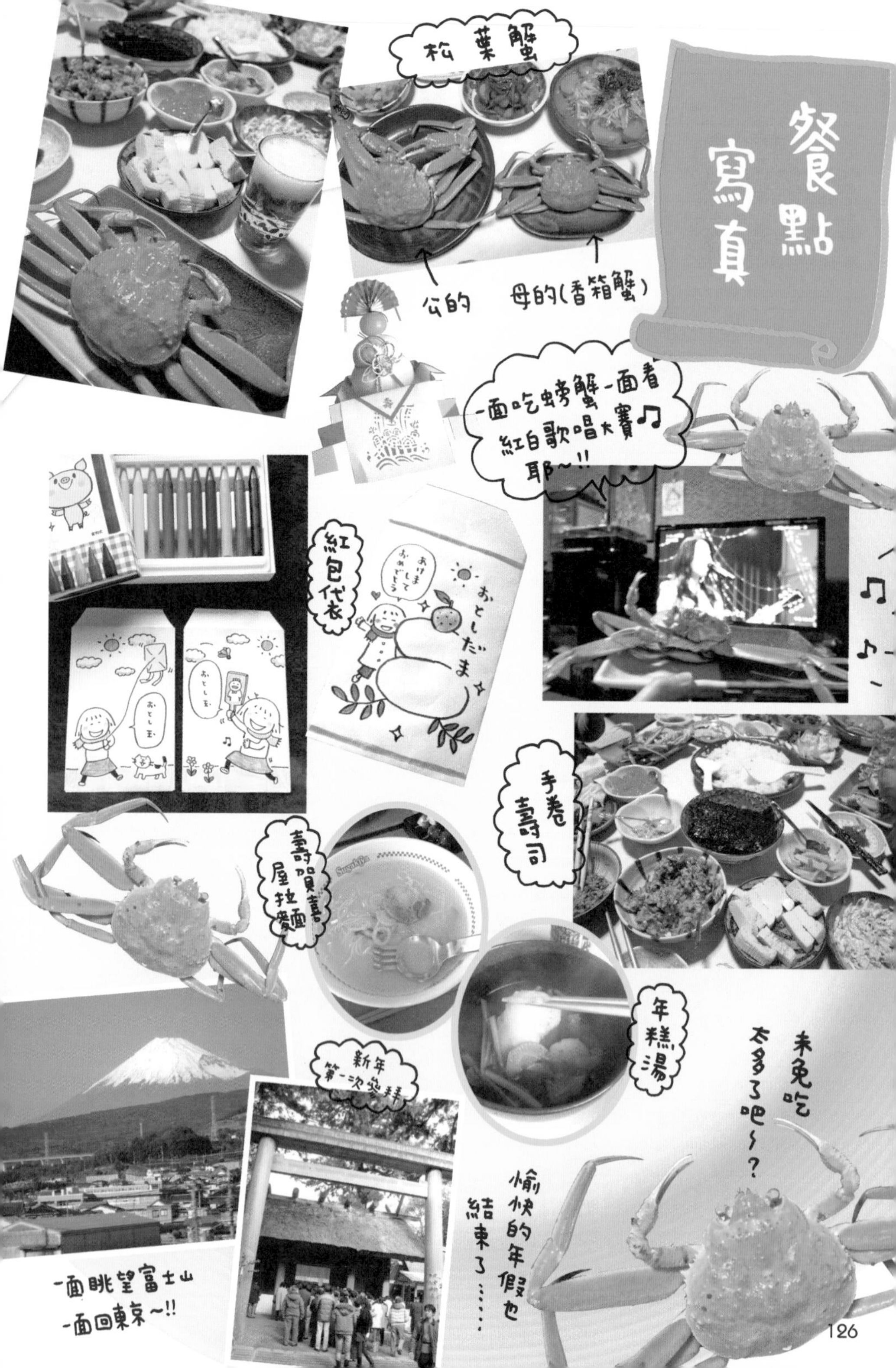

餐點寫真
松葉蟹
公的
母的(香箱蟹)
一面吃螃蟹一面看紅白歌唱大賽♫耶~!!
紅包代表
おとしだま
あけましておめでとう
おとし玉
手卷壽司
壽賀喜屋拉麵
年糕湯
新年第一次參拜
未免吃太多了吧~?
愉快的年假也結束了……
一面眺望富士山一面回東京~!!

再吃一隻

新年餐篇

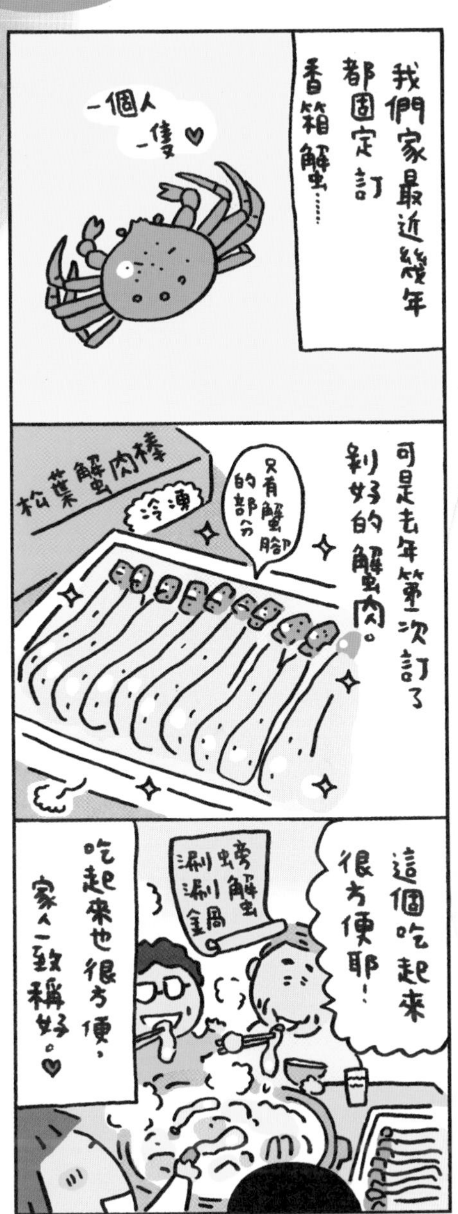

可是沒有蟹膏，好像有點不過癮~

說……說得也是……

於是又去附近的超市買了蟹膏回來。

舔 舔

嗯，這個也很好吃耶~!!

瓶裝的

今年我又在為螃蟹傷腦筋……

今年過年該怎麼辦好呢~

跟以前一樣訂香箱蟹嗎……

螃蟹

嗯~……

今年也想把自己養成過年肥!!

之19
冷天吃燉菜暖呼呼

不過我經常想起的是以前媽媽常做給我們吃的稠稠糊糊的白醬燉菜。
今晚吃燉菜喔～!!
耶～～!!
大家都很喜歡
姊姊
我
弟弟

材料也沒什麼獨特……
雞胸肉、洋蔥、紅蘿蔔……
馬鈴薯用May Queen比較好吧?
白醬塊也是買以前就有的老牌商品……
嗯～我還是喜歡這個～♥
飯店白醬
北海道
濃稠白醬
奶油白醬
香醇

嗚嗚嗚……好冷喔!
我回來了～
趕快做吧～!!
喀嚓
做法也沒特別講究，大致依照盒子上的說明去做。
把材料炒一炒。
加水煮20分鐘。
嗞～
嗞～

在此分開一下話題……
想起一段和燉菜有關的小插曲，記得我八歲左右的時候在家裡開慶生會……
直子，生日快樂～!!
呼～
呵呵～
已經是三月，但那天好冷……
哇～請用～
多吃一點喔♥
哇～
媽媽做了白醬燉菜請我的朋友們吃。
我們家吃燉菜的時候，總是淋在飯上吃……
我自以為一般都是這麼吃……
可是不知道朋友們有沒有覺得很奇怪？
現在才在想這個問題……
一般不會淋在飯上吃吧？
咕嘟
咕嘟

不過我還是喜歡把燉菜淋在飯上吃。
做好了~
嘿嘿嘿，今天晚上也這麼吃吧~♥
配紫漬醬菜
完成
熱呼呼~
耶~開動囉~!!♥
自己做燉菜也可以做出媽媽的味道……
哇哈哈
嗯，就是這味道!!
這下我可以放心了~!!
然後泡個熱水澡，躲進暖暖的被窩裡好好睡一覺。
咻~
明天早上繼續吃剩下的燉菜~♥
嘿嘿嘿……
暖和
暖和

典型的燉菜材料
餐點寫真
做法也大致依照說明!!
我覺得白醬燉菜和紫漬很對味!!
早餐吃白醬燉菜配麵包♡
白醬燴飯
就是這味道沒錯~♡
我也喜歡加很多青花菜♡

別人家晚上是怎麼吃燉菜的呢?

晚上也是配麵包吃嗎?

還是配義大利麵?

如果配飯吃是這樣嗎?

代替味噌湯

還是這樣?

類似主菜

還是大家也會淋在飯上吃……

到底是哪一種呢……

冬天
小歇正好眠
暖和
暖和
暖和

特別篇

吃完一大顆白菜

某一個天冷的日子來到超市……
SALE
嘈雜
嘈雜
……
好便宜喔!!
大特價
98日圓
哇~
哇~
哇~
好大的白菜正在大特價。
我好像沒看過這麼大的白菜……
一個人吃又太大了……
哇~
哇~
哇~
很猶豫到底要不要買……
哎喲~好重喔!!
呼~
很重
看那白菜又大又漂亮，不由得買回家。
這麼大一顆白菜
呼~
很大
怎麼吃好呢……
白菜夾五花肉片~
一層一層疊上去~

吃完一大顆白菜

切成適當的大小
放進鍋子裡
排好~

塔吉鍋

加一點吃麵用的醬汁
燜一下就成了大家喜愛的
千層白菜鍋。

吃的時候
沾一點柚子胡椒醬
或橙醋也很好吃~

熱呼呼~

可是光這麼吃，白菜看起來還是
那麼大一顆根本沒變小一點~

冰箱裡面根本
放不進去~!!

擠~

擠~

這麼大一顆白菜
怎麼辦好呢……

一時興起買回來，
可是吃得完嗎……

很大

還是和買回來
的時候一樣大

像枕頭一樣

……來做
醃白菜好了。

嗯~……

決定來做淺漬白菜，
雖然從來沒試過……

嘩啦……

醬菜

沒想到看看做法
還滿簡單的。

白菜
四百公克，
鹽就是放
十二公克……

搞砸了
就麻煩，還是
好好地量吧!!

把白菜切成
一大塊一大塊，
再準備3%的鹽……

然後和切成細絲的昆布、隨喜好加進朝天椒、日本柚的皮一起大致攪拌幾次……
剛好有人給我日本柚!!
拌
拌
太好了♥
裝入保鮮袋裡，上面壓個輕一點的鎮石放進冰箱。
家裡沒有鎮石……
那就用盤子和味噌代替吧~
盆子
放一個晚上……
汪~
淺漬白菜完成了!!
喔喔~!!
好冰喔……
真的有醬菜的味道耶~!!
擠~
擠出水分後放盤子上
撲鼻
用自己做的淺漬白菜配早餐。
開動囉~!!
一嚐，出乎我意外的好吃。
吃起來也確實有醬菜的滋味!!
好好吃!!
不夠!!
再來一盤!!
擠~
衝

似乎可以一次吃掉一大盤……

越吃越順口!!

淺漬白菜沙拉~!!

唰

唰

唰

日本柚的味道也很香!!

真有一種頓悟的感覺!!

我以前怎麼沒想到要自己做淺漬呢……

嗯……

空

我很喜歡吃醬菜，可是醬菜其實還滿貴的……

醃鹹蘿蔔

米糠醬菜

綜合

野澤菜

有一次想自己醃米糠醬菜……

加油~!!

努力做好了米糠醬床……

我一定要每天攪拌!!

米糠

但是醃出來的東西都不好吃……

吃起來沒有那種特殊風味。

喀……

有時也沒有蔬菜可以放進去醃……

也就越來越懶得攪拌……

…

米糠醬床

得去買東西才行~

後來米糠醬床竟然發霉了……

啊~~!

之後又試過幾次，可是結果都是一樣……
加油～!!
我要再來試試自己醃米糠醬菜囉～!!
米糠
發霉了!!
啊～～!!
大概有三次都是這樣
我這才恍然大悟。
對了……適合做事馬虎的我醃的醬菜是淺漬，不是米糠醬菜……
我知道了!!
於是從那以後我開始勤奮地做淺漬。
嗯，今天要再做多一點!!
還是很大一顆
拌
拌
每次做都很快就吃完……
配啤酒配飯都很對味～♡
唰
唰
唰
另外我也會做點變化……
放很多朝天椒做超辣的
果柚用完了，改放橘子皮。
加紅蘿蔔讓顏色更賞心悅目
加少許昆布茶調味
昆布茶
這場空前的淺漬瘋完全沒有退燒的跡象!!
啊～超辣的淺漬好辣喔～!!
啤酒一口接一口

吃完一大顆白菜

又開始做淺漬

每天吃這麼多白菜，大概會變瘦吧～

我這麼想……

淺漬減肥法？

切切切切

哎呀?!

為什麼?!

很重～

不料反而變胖了……

對了……是不是因為太下飯、啤酒也越喝越順口的緣故呢？

吃 吃 吃

越吃越順口♥

還是吃太多鹽，身體水腫呢～

哎呀呀……

不管怎麼樣，吃太多總是不好……

後來我一次做少一點，鹽也放少一點……

2%的鹽也可以吧……

啤酒也先停一陣子……

終於把特大號的白菜全部吃完了，絲毫沒浪費。

下次要來做西洋芹的淺漬～!!

我喜歡西洋芹♥

※ 2%：和白菜比例相比。

後記

非常感謝各位讀者對本書的支持。
我一個人住也好長一段時間了，本書中收錄的是我一個人住隨興又隨意的飲食生活點滴……
今天吃什麼好呢～
咕～
正當這系列連載最後一回時，我結婚了，現在變兩個人住。
這是我先生。
呵呵呵
一個人住的時候我還滿常自己做飯的……
嘿嘿嘿，隨便炒個飯～♥
嗞～
可是真的都是隨興隨意做一做……
噫……做什麼菜好呢?!
我的拿手菜是什麼?
真要做給別人吃的時候，就不知道做什麼好了。
急忙翻食譜……
哎呀～這道菜做起來好像很麻煩……
工作室
這道菜也好像很花時間……
這種菜我沒做過～
回家以後根本來不及～
嘩啦
嘩啦
精選食譜
放棄了!!
每道菜我都沒把握!!
還沒決定要做什麼，卻已經到了該做晚餐的時間!!
精選食譜

不過做飯的時候經常是兩個人一起分工合作……
沙拉醬要用哪一種？
咚咚
飯妳喜歡吃硬一點的還是軟一點的？
工作結束以後一起去買東西，然後一面互相商量一面做晚餐……
他也不是很會做菜→
所以，晚餐做好了時間都已經有點晚。
終於做好了～
結果這一餐是火鍋和沙拉
第一次做白蘿蔔泥火鍋
這樣的日子持續下來，漸漸讓我覺得好累。
工作也越積越多
其他夫妻倆都上班的家庭到底是什麼時候決定菜單、什麼時候去買東西、什麼時候先做好準備呢～
唉～今天要做什麼菜好呢～
已婚的朋友
我想大家都有很多點子，例如做一些常備菜放著～
一次買好幾天份的食材放冷凍～
每天都要從頭開始弄，那太累了～
不過習慣隨興隨意弄些菜就上桌，這也是很重要的喔～
呵呵
蛤?!
隨興隨意?!
我好像有點懂得個中道理……
…
希望以後在兩個人的生活中也能隨興隨意做飯吃。
買這本書回去參考看看!!
常備菜
10分鐘輕鬆佳餚
快速料理

TITAN 121

一個人做飯好好吃

高木直子◎圖文
洪俞君◎翻譯　陳欣慧◎手寫字

出版者：大田出版有限公司
台北市104中山北路二段26巷2號2樓
E-mail：titan@morningstar.com.tw
http：//www.titan3.com.tw
編輯部專線（02）25621383
傳真（02）25818761
【如果您對本書或本出版公司有任何意見，歡迎來電】
法律顧問：陳思成

填寫回函雙層贈禮❤
①立即購書優惠券
②抽獎小禮物

總 編 輯：莊培園
副總編輯：蔡鳳儀　行政編輯：鄭鈺澐
行銷編輯：張筠和　編輯：葉羿妤
校　　對：金文蕙／洪俞君／黃薇霓
初　　版：二〇一六年十二月一日
二十二刷：二〇二三年十月十二日
購書E-mail：service@morningstar.com.tw
T　E　L：04-23595819　FAX：04-23595493
網路書店：http://www.morningstar.com.tw（晨星網路書店）
郵政劃撥：15060393
戶　　名：知己圖書股份有限公司
定　　價：新台幣 280 元
國際書碼：ISBN　978-986-179-461-7 / CIP：427.07 / 105014978

I IKAGEN GOHAN

HONEY
MILK